职业教育增材制造技术专业系列教材

金属增材制造工艺制订与实施

主　编　王保俊　祝　超　刘　芸

副主编　孙　滨　杨　凡

参　编　孙　刚　崔轶杰　黄明涛　陈风龙　王炳玉
　　　　李林尧　孙海腾　高伊韬　刘　丹

主　审　齐海波　王小廷

U0331576

机 械 工 业 出 版 社

本书参考了国家职业技能标准《增材制造设备操作员》（2022 年版）的职业工作任务编写而成，书中选取五大应用领域（医疗、模具、液压、车辆、航空航天）的典型零件案例作为学习项目，每个学习项目都按照工作流程设置了五个任务，分别为项目获取与分析、数据处理与编程、实施打印与控制、后处理与检测、项目评价与拓展，条理清晰，循序渐进。

本书增材制造设备选用业内主流设备品牌之一"永年"YLM 型金属打印机，软件选用主流切片编程软件 3DXpert，后处理设备涉及各类通用机械加工设备。针对金属成形工艺，本书介绍了增材制造设备的调试、维护等实践操作，包括设备的成形组件、运动组件、平台组件、框架结构、整机总装、线路规划、常见问题与解决办法等内容。本书突出后处理工艺的分析与实施环节，全过程配置了图片和操作过程视频，这也是本书特色之一；本书还在相应任务处设置了二维码，读者可通过扫码获取相关学习资源，方便更深入的学习。

本书可作为高等职业院校增材制造技术专业及相关专业教材，也可作为增材制造设备操作员岗位培训教材。

为便于教学，本书配套有电子课件、教学视频、零件图纸、模型源文件、点云文件等教学资源，选择本书作为教材的教师可登录 www.cmpedu.com 网站，注册后免费下载。

图书在版编目（CIP）数据

金属增材制造工艺制订与实施/王保俊，祝超，刘芸主编. —北京：机械工业出版社，2024.5

职业教育增材制造技术专业系列教材

ISBN 978-7-111-75265-3

Ⅰ.①金… Ⅱ.①王… ②祝… ③刘… Ⅲ.①金属-快速成型技术-职业教育-教材 Ⅳ.①TB4

中国国家版本馆 CIP 数据核字（2024）第 050266 号

机械工业出版社（北京市百万庄大街 22 号　邮政编码 100037）
策划编辑：黎　艳　　　　　　责任编辑：黎　艳　赵晓峰
责任校对：宋　安　陈　越　　封面设计：张　静
责任印制：常天培
北京机工印刷厂有限公司印刷
2024 年 5 月第 1 版第 1 次印刷
210mm×285mm・14.75 印张・437 千字
标准书号：ISBN 978-7-111-75265-3
定价：49.00 元

电话服务　　　　　　　　　　网络服务
客服电话：010-88361066　　机　工　官　网：www.cmpbook.com
　　　　　010-88379833　　机　工　官　博：weibo.com/cmp1952
　　　　　010-68326294　　金　书　　　网：www.golden-book.com
封底无防伪标均为盗版　机工教育服务网：www.cmpedu.com

前言

　　2020 年 7 月，人力资源和社会保障部、市场监管总局、国家统计局联合发布了包括"增材制造设备操作员"在内的九个新职业；2021 年 3 月，教育部印发的新版《职业教育专业目录》中首次把"增材制造技术"设为一个独立专业；2022 年 6 月，人力资源和社会保障部向社会公示了十八个新职业信息，其中包括增材制造工程技术人员。这一系列新职业、新专业的出台充分表明，当前增材制造技术已越来越广泛地得到了认可和应用。增材制造技术的工艺形态众多，诸如 FDM、SLA、SLM、SLS、3DP 等，而金属增材制造技术中的 SLM（金属激光选区熔化）工艺是最典型且最具潜力的增材工艺技术。目前，该技术已经广泛应用于航空航天、模具、医疗、汽车等高端设备制造及修复领域。

　　本书是为满足市场需求，培养金属增材制造技术技能型人才而编写的。本书主要介绍了金属增材制造技术的五大典型应用领域的行业动态和典型产品的生产工艺规程及实施过程。编者通过深入企业调研，认真总结了增材制造行业发展趋势，科学分析了增材制造相关岗位群及各岗位职责、岗位必备的知识和技能要求，选取企业真实的典型工作案例，将其转化为学习项目任务。本书按照工学一体化的教学理念编写，将项目案例的真实生产过程，按照工艺环节进行详细讲解，任务驱动，环环相扣，使读者可在学习的过程中，深刻领悟工艺的基本流程和重点、难点，学会 3DXpert 切片工艺软件的使用方法，掌握典型金属增材制造设备的使用方法和维护技能，以及制件的后处理技术等，同时培养良好的综合职业能力和严谨细致的工作作风。

　　本书由烟台文化旅游职业学院王保俊、祝超、刘芸任主编，孙滨、杨凡任副主编，孙刚、崔轶杰、黄明涛、陈凤龙、王炳玉、李林尧、孙海腾、高伊韬、刘丹参与编写，石家庄铁道大学齐海波教授、江苏永平激光成形技术有限公司王小廷工程师任主审。在编写过程中，烟台文化旅游职业学院颜永年教授工作站给予了很大帮助，业内的齐海波博士（河北科技大学）、杨伟东教授（河北工业大学）、陈振东专家等对本书的编写给予了悉心指导。

　　由于编者水平有限，书中不妥之处在所难免，恳请读者批评指正。

编　者

名称	图形	名称	图形
义齿切片编程视频		航空叶轮切片编程视频	
义齿打印过程视频		航空叶轮打印过程视频	
模具型芯切片视频		航空叶轮后处理视频	
模具型芯打印过程视频		摩托车支架拓扑优化视频	
模具型芯后处理视频		摩托车支架切片编程视频	
液压歧管切片编程视频		摩托车支架打印过程视频	
液压歧管打印过程视频		摩托车支架后处理视频	
液压歧管后处理视频			

目录

1

项目一 打印制作义齿牙冠

学习目标:

1. 了解增材制造技术在医疗领域如义齿制作领域的应用现状。
2. 了解义齿制作的基本工艺流程。
3. 掌握 SLM 金属打印义齿牙冠的工艺规程的制订。
4. 掌握 SLM 金属增材设备的安全操作规程。
5. 能够掌握增材切片软件的基本操作流程,能够生成打印程序。
6. 能够掌握 SLM 金属增材设备的一般操作流程及要点,能够完成本项目打印。
7. 能够掌握金属打印的成形底板(基板)修复及线切割操作等基本后处理工艺。

项目情境:

　　义齿制作企业紧急发来某客户订单,提供了相关义齿牙冠的数字模型。现交由增材制造事业部,先进行数据处理,然后用 YLM-120 型金属 3D 打印机(本书中简称金属打印机,后同)实施打印,打印完成后实施切割。切割下来的义齿牙冠发回义齿制作企业进行后处理。该产品数量为四件,两套牙冠,材料为钴铬合金。

　　生产工程师接到任务以后,通过任务工单了解并分析客户需求,根据客户提供的 3D 数字模型,选择加工方法、材料、设备等,制订打印工艺并切片编程。由设备操作员完成打印及相关后处理,再交付质检部验收确认,填写相关记录后,及时打包发送给客户。

任务一　项目获取与分析

任务学习目标:

1. 了解增材制造技术在医疗领域如义齿制作领域的应用现状。
2. 了解义齿制作的基本工艺流程。
3. 掌握 SLM 金属打印义齿牙冠的工艺特点及工艺规程。

【任务工单】（表 1-1-1）

表 1-1-1　任务工单

产品名称	义齿	编号		周期	5 天
序号	零件名称	规格	材料	数量/套	生产要求
1	义齿牙冠	82mm×75mm×16mm	钴铬合金	4/2	1. 打印完成后，去应力退火 2. 切割下义齿牙冠 3. 及时发送快递给客户
2					
3					
备注			接单日期：		
生产部经理意见	（同意生产）		完成日期：		

图 1-1-1 所示为义齿牙冠。

【项目分析】

一、图样分析

图 1-1-2 所示为义齿牙冠模型，现做如下分析。

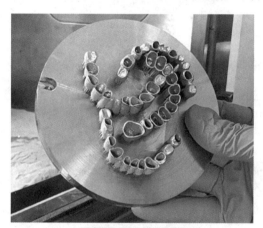

图 1-1-1　义齿牙冠

图 1-1-2　义齿牙冠模型

1. 整体分析

本产品为口腔钴铬合金义齿牙冠，数量为四件，两套牙冠。打印时，考虑牙冠内腔要与口腔牙龈、牙根配合，不可做支撑，故冠口朝上，下方设置十字墙支撑，方便后期修整。考虑牙冠尺寸较小，为提高加工效率、节约粉末，采用 YLM-120 型金属打印机进行制作，模型数据由客户提供，切片前要检查模型，修复个别破损情况。

2. 尺寸分析

本产品模型由专业义齿厂商设计提供，从模型到增材制造成形，尺寸能够满足后期使用要求。打印完成后要与成形底板进行整体去应力退火，然后再进行切割分离，这样能够防止义齿牙冠尺寸变形。

3. 表面质量

本产品将由义齿制作企业进行专业的表面处理，包括切除支撑，修磨凸点、毛刺，喷砂或抛光，上瓷、上釉等多道后序工艺。

二、相关知识

1. 金属打印在医疗领域的应用现状

随着增材制造技术发展的日趋完善，其应用领域越来越广。3D 打印高还原性和高精度的特性让其深受各行各业的欢迎。增材制造技术可以直接将数字模型转化为现实的产品。相较于传统制造方式，更适合制作小批量定制化的产品以及复杂形状的产品。由于人体的个体差异，手术导板、医疗植入物、义齿等医疗器械，对个性化定制的要求很高，因此，"个性化"为增材制造技术与医疗行业搭建了深度结合的桥梁。

现阶段，3D打印在医疗行业的主要应用有用于手术与规划或教学的3D打印医疗模型，手术导板，外科/口腔植入物及康复器械。随着材料的升级，生物兼容性材料也为3D打印血管、器官等应用到临床创造了实际可能。增材制造技术汇总见表1-1-2。

表1-1-2　增材制造技术汇总

工艺	类型	基本材料
熔融沉积成形（FDM）	挤压	热塑性塑料、共晶系统金属、可食用材料
电子束自由成形制造（EBF）	线	几乎任何合金
直接金属激光烧结（DMLS）		
电子束熔化成形（EBM）	粉粒	钛合金
激光选区熔化成形（SLM）		钛合金、钴铬合金、不锈钢、铝
选择性热烧结（SHS）		热塑性粉末
选择性激光烧结（SLS）		热塑性塑料、金属粉末、陶瓷粉末
石膏3D打印（3DP）	层喷粉末	石膏粉
分层实体制造（LOM）	层压	纸、金属膜、塑料薄膜
立体平版印刷（SLA）	光聚合	光敏树脂
数字光处理（DLP）		

2. 增材制造技术在口腔义齿领域的应用

作为一种新型的加工制造技术，目前增材制造已经应用于口腔医疗的义齿打印、矫正器制作、预演手术模型制作、手术导板制作等领域，大幅提升口腔医疗的精度和效率，正在引领义齿加工行业的变革。数据统计显示，我国有94%的人口存在牙齿问题，约10人中就有1人安装了假牙，年均假牙消费量约达8165万颗。预计到2025年，全球3D打印齿科规模达到45.7亿美元，年复合增长率超过20%。随着人口老龄化的发展，口腔医疗的潜在客户人群总数还在不断上升。

通常，假肢或植入物必须与患者的形态完全匹配，对牙科行业尤其如此，因为每个人都有自己独特的牙型。有了口腔逆向扫描仪后，医务人员可以精准地获得患者口腔结构的3D模型，为患者提供定制化解决方案。特别是金属类产品，精密度更高，达到精铸级，比传统产品使用更久，契合度更好，佩戴更舒服。全面走向数字化是国际口腔加工行业的必然发展趋势，增材制造技术作为一种带有显著数字化特征的制造技术，通过数据流将口腔诊断、设计、生产流程连在了一起，形成了齿科产品加工的全数字化流程。传统义齿制作工艺流程与3D打印制作义齿工艺流程对比，如图1-1-3所示。

相比之下，传统的义齿制作流程非常烦琐，包括印模、制作石膏原型、制作模型、制作蜡型、包埋、铸造、打磨抛光环节，其中起关键性作用的是

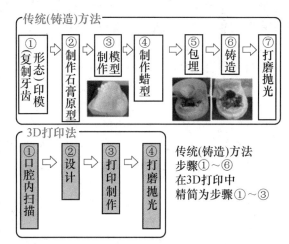

图1-1-3　传统义齿制作工艺流程与3D打印制作
义齿工艺流程对比

制作蜡型和铸造牙冠的手工技能，这样的制作方式导致义齿返工率居高不下，不仅工作效率低，还降低了患者佩戴义齿的舒适度。3D打印的精妙之处在于，牙病患者不需要咬合牙模，口腔医生用口腔扫描仪对患者牙齿、牙颌骨等口腔结构进行扫描，建立患者口腔3D数字模型，再把数据导入3D打印机系统，打印出义齿基底，经过细化打磨后，就可以上瓷、上釉，最后成品。图1-1-4所示为增材制造技术应用于口腔医疗的基本流程图。

3. 3D 打印牙冠在数据处理时需要注意的问题

（1）牙冠数据导入时摆放方向要合理　在进行牙齿修复时，3D 打印所制造的金属牙冠需要套在改小了的天然牙冠上，要求所制造的牙冠在颊侧、舌侧边缘，以及在轴向和咬合面都能有合适的间隙，并且还要保证精确的边缘密合性。同时金属牙冠内里制作得是否精密，将直接影响到烤瓷牙佩戴者的舒适度。所以在模型切片时，不能将咬合面朝上摆放，否则支撑将搭建在牙冠内里，在后续的去支撑和打磨过程中会加大"车金"（减材修磨）工作难度，并且也无法保证颊侧、舌侧及咬合面的间隙精度。

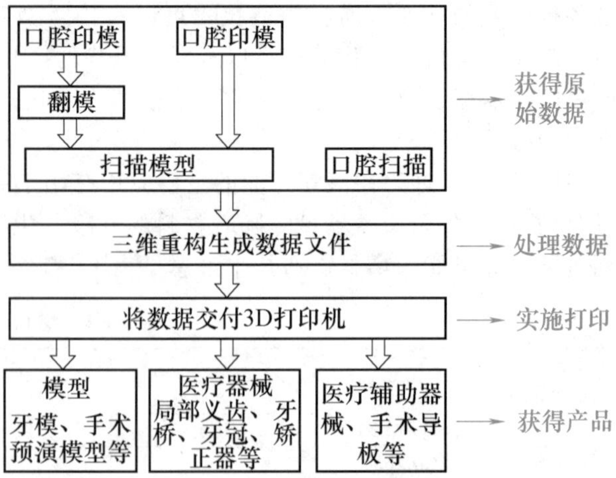

图 1-1-4　增材制造技术应用于口腔医疗的基本流程图

（2）打印平台上要求牙冠尽可能高密度摆放　一般医院是根据单颗牙齿来制订收费标准的，打印平台上摆放更多数量的牙冠，这样既可以提高加工效率，又可以降低生产成本，提升总体效益。

（3）设计牙冠支撑的方案　在激光选区熔化成形过程中，必须给打印件设置支撑，有以下考虑因素：一是支撑结构可加强打印件与成形底板间的稳定性；二是支撑结构可带走打印件构建过程中多余的热量；三是支撑结构可以防止打印件翘曲以及减少打印件构建过程中的失败概率。对于义齿打印支撑设计有如下要求：一要求搭建的支撑结构及生成的点位合适且强度足够，保证打印的牙冠不发生变形；二要求生成的支撑容易去除，降低后处理中"车金"的工作难度；三要求支撑的生成高效且准确；四要求支撑搭建体积小，降低支撑打印的粉末消耗量。

4. 金属打印牙冠的后处理

金属打印完成后的义齿牙冠会从成形底板上切割下来，切割前要进行去应力退火，防止切割后产生整体形变，然后发送给义齿制作企业进行后处理。一般义齿制作企业会进行支撑切除操作，然后手工修磨凸点、毛刺，再喷砂或抛光，最后上瓷、上釉，烤瓷后再进行饰面抛光。抛光步骤最关键，依次使用布轮、抛光膏抛光。抛光完毕后，义齿光洁度较高，类似镜面，患者配戴后舒适、美观。

5. 钴铬合金材料

齿科钴铬合金是牙科医用合金的一种，具有优良的力学性能和耐蚀性，1929 年开始被用于口腔修复。钴铬合金的组成中，钴、铬和镍元素总含量不应超过 85%，若合金中含铍，其含量不能超过 2%。齿科钴铬合金的熔点在 1290~1425℃，密度约为 8.3g/cm³，铸造后线收缩率为 2.13%~2.24%。规定塑性延伸强度的最小值为 500MPa，断后伸长率最小为 1.5%。按其硬度通常分为软质、中硬质和硬质三类。

软质的钴铬合金适用于制作各类固定修复体；中硬质者适用于制作卡环、牙合增高的牙合垫等；硬质者适用于可摘局部义齿大支架的整体铸造，也可用作种植材料。

三、现场条件分析（表 1-1-3）

表 1-1-3　现场条件分析

打印工艺类型	激光选区熔化成形（SLM）	打印材料类型	钴铬合金
打印机品牌型号	YLM-120	材料规格	粉末粒度 15~53μm
设备最大打印尺寸	φ120mm×40mm	后处理	去应力退火、线切割
切片软件	3DXpert	表面处理类型	无

【工艺方案制订】

一、工艺路线分析

客户提供的模型数据往往需要格式转换，转换过程中可能也会产生数据缺损、失真等情况，因此，首先必须对转换后的模型数据进行检查修复。当模型数据检查修复完成后，即可导入切片软件进行编程，然后将程序导入设备执行打印。打印完成后一并取下工件和成形底板，考虑到存在打印应力，直接切割取件会产生变形，故要先进行去应力退火，然后再将义齿牙冠切割下来。质检无误后，及时发送快递给客户。

综合现场条件，确定工艺路线，如图 1-1-5 所示。

模型分析 ⇨ 切片编程 ⇨ 实施打印 ⇨ 后处理

图 1-1-5　工艺路线

二、制订工艺方案（表 1-1-4）

表 1-1-4　制订工艺方案

班级：		工艺过程卡		产品型号		零件图号			
				产品名称	义齿	零件名称	义齿牙冠	加工数	4
材料		钴铬合金	材料形态	粉末	制件体积		预估用时/min	预估耗材/g	

工序号	工序名称	工序内容	车间	工段	设备	工艺装备	工时	
							准终	单件
1	模型分析	数据转换	微机室		计算机	NX 软件		
		检查模型尺寸,检查模型数据是否有破损	微机室		计算机	NX 软件		
2	切片编程	将模型导入切片软件	微机室		计算机	3DXpert 软件		
		调整模型摆放	微机室		计算机	3DXpert 软件		
		对模型进行支撑设置	微机室		计算机	3DXpert 软件		
		设置激光扫描策略和激光参数	微机室		计算机	3DXpert 软件		
		执行切片,后置程序	微机室		计算机	3DXpert 软件		
3	实施打印	穿戴好工装,做好安全防护,牢记安全操作规程	增材车间		金属打印机	工装、面罩、吸尘器、毛刷		
		进行金属打印准备,检查设备各项指标是否正常	增材车间		制氮机、冷水机、风机、金属打印机			
		制备惰性气体,添加干燥金属粉末	增材车间		制氮机、金属打印机	烘干机、粉筒、吸尘器、毛刷		
		安装刮条,找平工作台,调整刮板高度	增材车间		金属打印机	刮条、内六角扳手、吸尘器、毛刷		
		关闭打印仓,降低含氧量	增材车间		风机、金属打印机			
		输入程序,开始打印	增材车间		制氮机、冷水机、风机、金属打印机	U 盘、数据线、互联网		
		打印完成后,稍等一刻钟,规范开仓,清粉取件	增材车间		风机、金属打印机	成形底板、烘干机、粉筒、吸尘器、毛刷		
4	后处理	去应力退火	热处理室		去应力退火炉	火钳、耐温手套		
		线切割加工	电加工室		线切割机床	夹具		
		车削成形底板	机加工室		数控车床	卡盘、车刀		
					设计（日期）	校对（日期）	审核（日期）	标准化（日期）	会签（日期）
标记	处数	更改文件号	签字	日期	标记	处数	更改文件号	签字	日期

【团队分工】

团队分工可根据各成员特点及兴趣，进行分组，并填写团队分工表（表 1-1-5）。

表 1-1-5　团队分工

组别：

成员姓名	承担主要任务

任务二　数据处理与编程

任务学习目标：

1. 掌握 YLM-120 型金属增材设备打印义齿牙冠的工艺特点及工艺规程制订。
2. 能运用软件对模型进行检测并适当修复，学会与客户良好沟通。
3. 能掌握 3DXpert 软件的基本操作，生成打印程序。

【模型数据处理】

一、模型检查（表 1-2-1）

表 1-2-1　模型检查

检查项目	是/否	问题点	解决措施
1. 各部分尺寸是否与客户确认			
2. 是否要进行缩放			
3. 是否要留取减材余量			
4. 是否存在破损面			
5. 其他			

客户提供的模型一般不能够直接使用，需要对模型进行详细检查，尤其经过数据转换以后，要着重检查数据是否缺损，不能贸然使用模型，个别情况还要与客户反复沟通进行确认，以免给后续加工造成麻烦和损失。

二、数据转换（表 1-2-2）

表 1-2-2　数据转换

原始模型格式	□STP	□STL	□OBJ	□其他（　）
拟要转换格式	□STP	□STL	□OBJ	□其他（　）

温馨提示：数据转换后一般还要再次对模型数据进行检查，可以在切片软件里进一步完成检查及修复。

【切片编程步骤】

主流金属打印工业级切片软件介绍如下：

1. Magics

Magics 是比利时 Materialise 公司推出的产品，也是当前全球用户最多的 3D 打印预处理软件，具有完备的数据处理功能。除包含了基础软件拥有的所有功能之外，它还可以对模型进行晶格结构设计、纹理设计、工艺设计并能够生成报告，支持几乎所有的工业 3D 打印工艺，并内置上百种 3D 打印机型号。

2. Voxeldance Additive

这是近年出现的一款热门国产工业级 3D 打印数据处理软件，软件内核算法成熟，不亚于现在的国外主流数据处理软件，目前已经和国内数十家主流厂商建立合作关系，用户增长迅速。Voxeldance Additive 能够提供数据准备和增材制造设计所需的几乎所有功能，并提供广泛的工具种类，方便用户分析、准备和优化增材制造模型设计。

3. 3DXpert

3DXpert 是由 3D Systems 公司开发的金属打印配套软件，作为单一集成的解决方案，涵盖整个金属增材制造流程及后处理加工过程。使用该软件，将不再需要整合不同的解决方案，用户可以在任何文件格式下操作，节省大量时间，并在过程的任何阶段对基于历史的参数化 CAD 模型进行更改，直至整个零件成品加工完成。3DXpert 除内置了必备的打印机、材料和扫描参数外，还允许用户开发自己的打印策略。软件可为不同区域分配最佳打印策略，并自动将其融合到整个扫描路径中，在保持零件完整性的同时最小化打印时间。与主流的 3D 打印工业数据处理软件一样，3DXpert 也具有仿真功能，为用户克服零件热变形提供帮助，其出色的功能已被业内广泛关注。本教材所采用的金属切片软件即是 3DXpert。

义齿切片
编程视频

切片编程步骤说明及图示见表 1-2-3。

表 1-2-3　切片编程步骤说明及图示

步骤名称	说明及图示
（一）打开软件	1. 打开"3DXpert" Xp **3DXpert™** 软件 2. 单击"新建 mm 3D 打印项目" 新建mm 3D打印项目 按钮，新建以 mm 为单位的 3D 打印项目 3DXpert
（二）选择打印机	1. 单击右侧工具栏中的"编辑打印机" 编辑打印机 按钮，编辑打印机

（续）

步骤名称	说明及图示
（二）选择打印机	2. 在"编辑打印机"对话框中，选择"打印机"为"YN-328"，选择"基板"为"120基板"，选择"材料"为"CoCr"，设置"最小悬垂角度"为45°，单击"确定"按钮 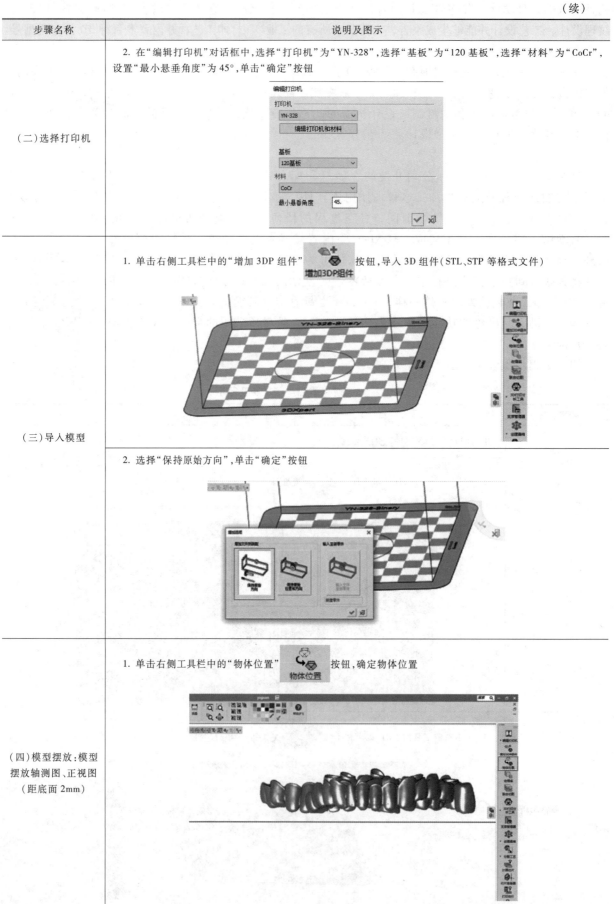
（三）导入模型	1. 单击右侧工具栏中的"增加3DP组件" 按钮，导入3D组件（STL、STP等格式文件） 2. 选择"保持原始方向"，单击"确定"按钮
（四）模型摆放：模型摆放轴测图、正视图（距底面2mm）	1. 单击右侧工具栏中的"物体位置" 按钮，确定物体位置

（续）

步骤名称	说明及图示
（四）模型摆放：模型摆放轴测图、正视图（距底面 2mm）	2. 设置"Z 增量"为 2mm，使物体离底面 2mm，单击"确定"按钮。这个悬空距离是为线切割留取的切割空间 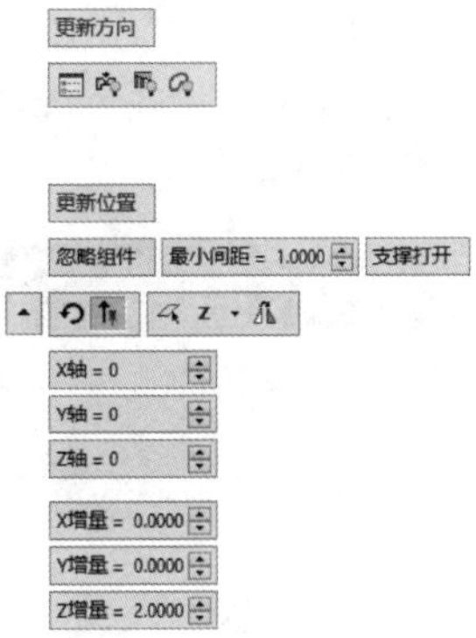  3. 按住鼠标中键，移动鼠标查看轴测图、正视图，确保物体位置合理 
（五）打印前准备（模型特征检查）	1. 单击右侧工具栏中的"3D 打印分析工具"→"打印前准备" ![打印前准备] 打印前准备，进行打印前准备——检查各类型特征 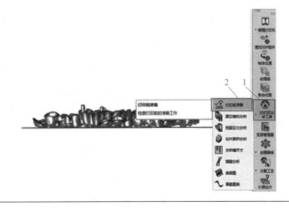 2. 在"打印可行性检查"对话框中，单击"检查"按钮，自动检查各类型特征的打印可行性 

（续）

步骤名称	说明及图示
（五）打印前准备 （模型特征检查）	3. 单击右侧工具栏中的"3D打印分析工具"→"建立模拟分析"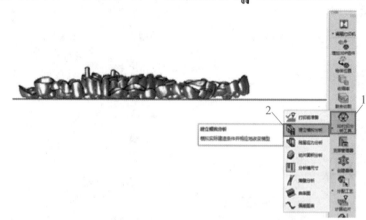，建立模型分析 4. 在"构建模拟参数"对话框中，单击"开始分析"按钮，系统会进行模型分析，存在问题的区域会变色显示，结果显示本模型一切正常 
（六）支撑设计	1. 单击右侧工具栏中的"支撑管理器"按钮，设置支撑管理器 

（续）

步骤名称	说明及图示
（六）支撑设计	2. 设置"悬垂角度"为45°,设置"最小宽度"为2mm,设置"偏置"为1mm,设置"与垂直面的角度"为10°  3. 按住鼠标中键显示轴测图,查看支撑区域。需要添加支撑的区域都会以黄色轮廓（对应软件界面显示,后同）描绘显示 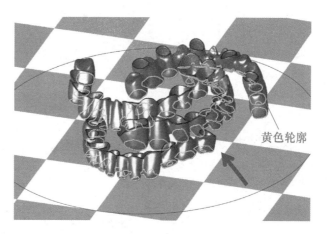 黄色轮廓 4. 单击"支撑"选项卡中的"区域235",单击上方"增加栅格图案"按钮 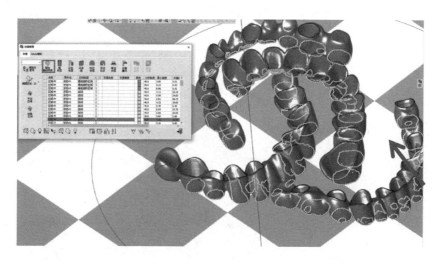

（续）

步骤名称	说明及图示
	5. 在"增加栅格图案"对话框中进行参数设置：选择填充方式为"偏移填充"，设置"X、Y 偏置"为 0.04mm，勾选"删除边界"及"填充"，选择填充类型为"Plus Sign"，设置"距离"为 1mm，生成栅格图案，为后期添加墙支撑做准备 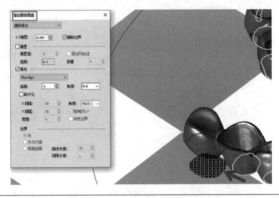
（六）支撑设计	6. 选择上一步生成的栅格图案，单击"支撑"选项卡中的"墙支撑"按钮 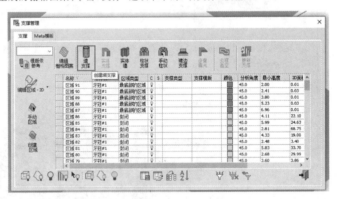
	7. 在出现的"支撑创建-墙"对话框中进行支撑参数设置：在"材料厚度"栏中，选择"厚度"为"单激光轨迹"；在"齿"栏中，设置"齿距"为 1.3mm，设置"齿宽"为 0.25mm，设置"高度"为 1.5mm，设置"穿透高度"为 0.12mm，单击"确定"按钮 

（续）

步骤名称	说明及图示
（六）支撑设计	8. 全选其余未添加支撑区域,单击"支撑"选项卡左侧"模板依参考"按钮,选择上一步生成的墙支撑,单击"确定"按钮 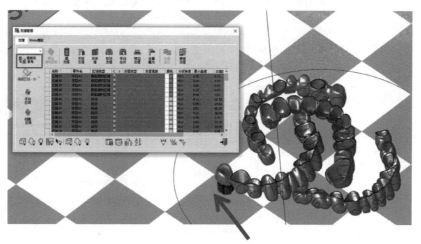 9. 支撑加载完成后,按住鼠标中键,旋转模型以查看正视图、轴测图,确保支撑添加合理,没有遗漏 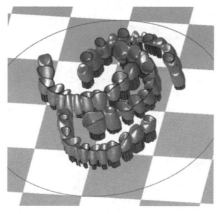
（七）参数设置	1. 分配工艺 1)单击右侧工具栏中的"计算切片"按钮 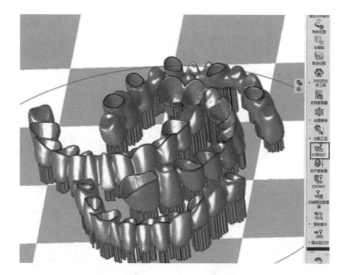

（续）

步骤名称	说明及图示
（七）参数设置	2）设置打印策略。在"对象切片"对话框中，选择"打印策略名称："**打印策略名称：** 下方第一个下拉列表框中的"Part_316L_sb_30.eea8"策略。该策略需要提前设置，一般为系统默认 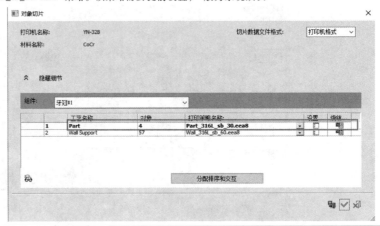 3）单击"Part_316L_sb_30.eea8"打印策略后对应的"设置" 设置 按钮，进行打印策略参数设置 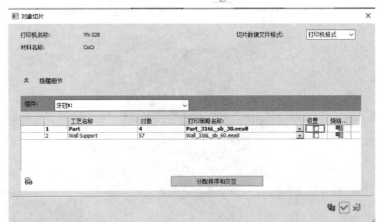 4）Part打印策略"常规参数"设置：设置"层厚度"为30μm，设置"工艺之间，交错"为200μm，勾选"墙支撑运动-在相邻层中交替开始端和结束端""墙支撑运动-分割交叉的墙支撑"，勾选"考虑气流方向"，设置"要避开的夹角范围"为37°，设置"起始角度"为30°，设置"增量角度"为67°，勾选"下表面规则"，设置"层数"为3，设置"角度大于"为10°，勾选"中间层规则" 5）Part打印策略"轮廓参数"设置： ①勾选"最终轮廓（C1）参数"，设置"下表面"为80μm，设置"中间层"为80μm，勾选"尖部""进入""退出"，设置"等长分割，最大长度"为20000μm，选择"方向指引"为"反转"，选择"扫描顺序"为"连续" ②勾选"轮廓（C2）参数"，设置"下表面"为160μm，设置"中间层"为160μm，勾选"尖部""进入""退出"，设置"等长分割，最大长度"为20000μm，选择"方向指引"为"反转"，选择"扫描顺序"为"连续" 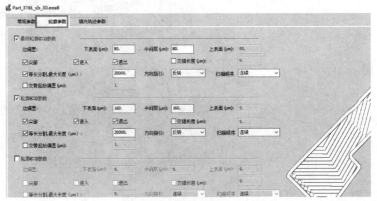

（续）

步骤名称	说明及图示
（七）参数设置	6）Part打印策略"填充轨迹参数"：设置"下表面"为240μm，设置"中间层"为240μm，勾选"填充下表面区域-"，在对应的下拉列表框中选择"条带"，设置"步距"为100μm，设置"单元宽度"为8000μm，选择"单元边界"为"否"，设置"偏置到中间层"为0，设置"交错到中间层"为0，选择"扫描顺序"为"连续"，选择"填充方向"为"水平"；勾选"填充中间层区域-"，在对应的下拉列表框中选择"条带"，设置"步距"为100μm，设置"单元宽度"为8000μm，选择"单元边界"为"否"，选择"扫描顺序"为"连续"，选择"填充方向"为"水平"，单击"确定"按钮 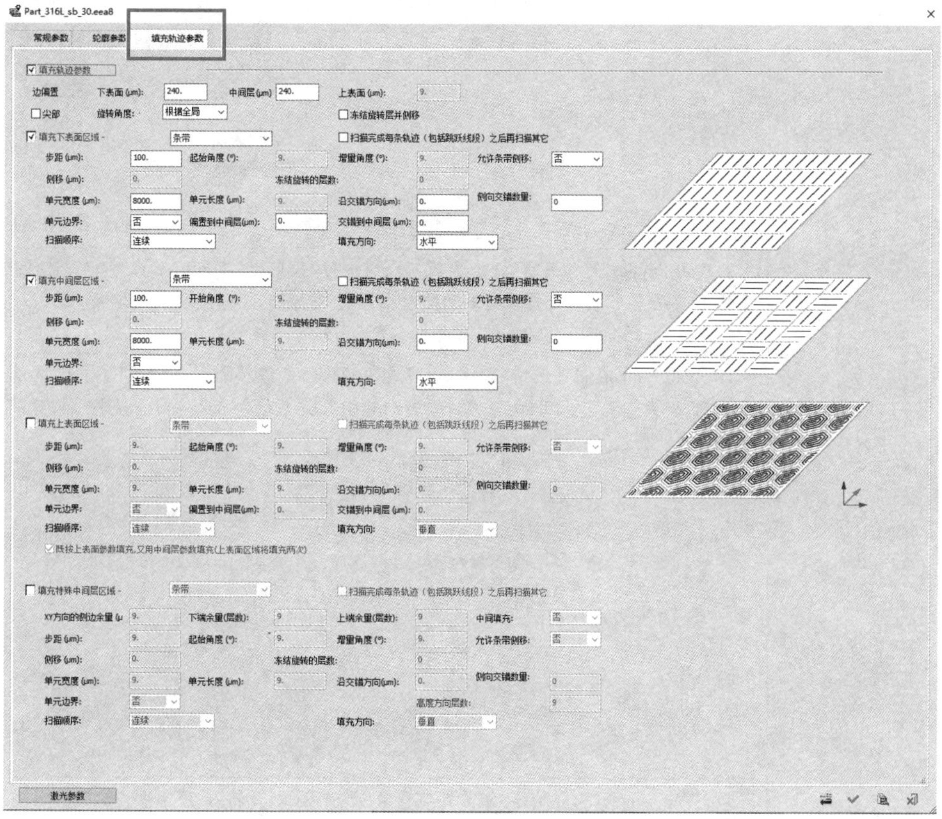 7）在"对象切片"对话框中，选择"打印策略名称："**打印策略名称：**下方第二个下拉列表框中的"Wall_316L_sb_60.eea8"策略 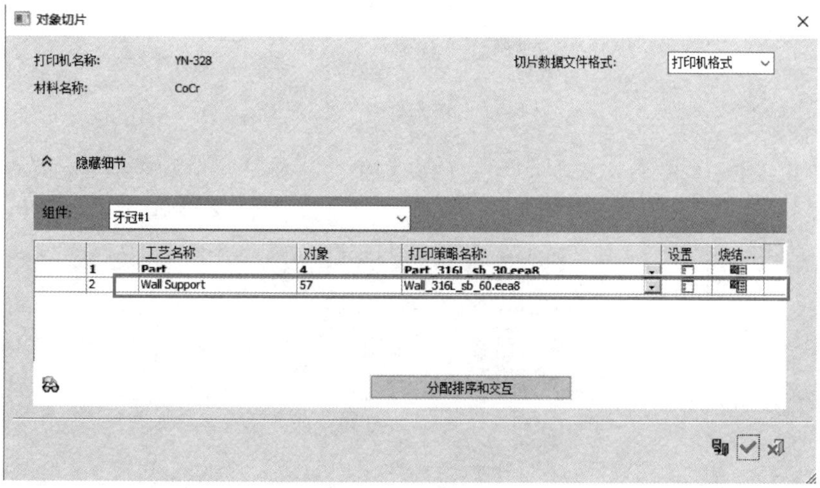

（续）

步骤名称	说明及图示
（七）参数设置	8）单击"Wall_316L_sb_60.eea8"打印策略后对应的"设置" 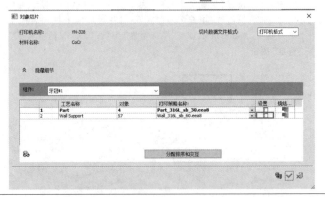 按钮,进行打印策略参数设置 9）Wall Support 打印策略"常规参数"设置:设置"层厚度"为60μm,设置"工艺之间,交错"为200μm,勾选"墙支撑运动-在相邻层中交替开始端和结束端""墙支撑运动-分割交叉的墙支撑",设置"要避开的夹角范围"为37°,设置"起始角度"为30°,设置"增量角度"为67° 10）Wall Support 打印策略"轮廓参数"设置:勾选"最终轮廓(C1)参数",勾选"尖部""进入""退出",设置"等长分割,最大长度"为20000μm,选择"方向指引"为"反转",选择"扫描顺序"为"连续"  11）Wall Support 打印策略"填充轨迹参数"设置:无填充轨迹,不需要设置 2. 激光参数 单击"Part_316L_sb_30.eea8"对话框左下角的"激光参数"按钮,弹出"激光参数"对话框 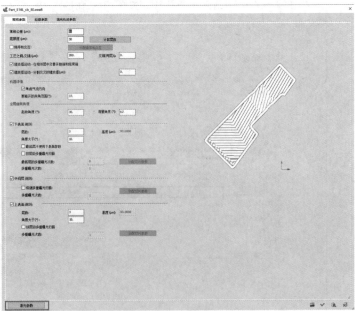

（续）

步骤名称	说明及图示
（七）参数设置	1）层厚度为 $30\mu m$ 的零件在"激光参数"对话框中"下"表面的参数设置：单击"C1"，在"参数"栏中，设置"Laser Power"为 210W，设置"Mark Speed"为 1200mm/s；单击"C2"，在"参数"栏中设置"Laser Power"为 210W，设置"Mark Speed"为 1200mm/s；单击"填充"，在"参数"栏中设置"Laser Power"为 230W，设置"Mark Speed"为 1200mm/s 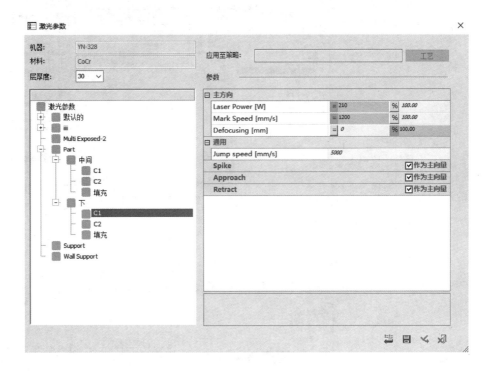 2）层厚度为 $30\mu m$ 的零件在"激光参数"对话框中"中间"层的参数设置：单击"C1"，在"参数"栏中，设置"Laser Power"为 220W，设置"Mark Speed"为 1200mm/s；单击"C2"，在"参数"栏中，设置"Laser Power"为 220W，设置"Mark Speed"为 1200mm/s；单击"填充"，在"参数"栏中，设置"Laser Power"为 240W，设置"Mark Speed"为 1200mm/s 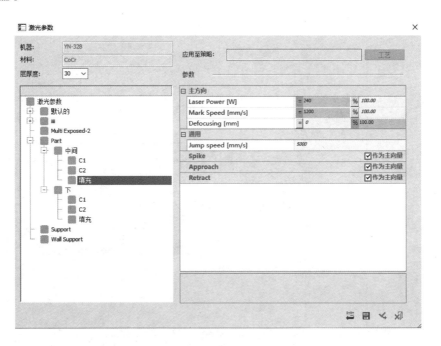

（续）

步骤名称	说明及图示
（七）参数设置	3）单击"应用至策略"后对应的"工艺"按钮，在弹出的"工艺编码"对话框中，勾选"0：Part""1：Part Fine""2：Part Rough""3：Part2""4：Machining Offset""5：Lattice""6：Part3""11：Solid Support""13：Lattice Support""14：Cone Support"，单击"确定"按钮 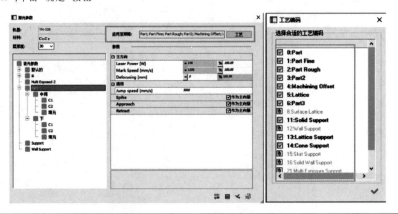 4）层厚度为60μm的墙支撑在"激光参数"对话框中"wall support"的参数设置：设置"Laser Power"为240W，设置"Mark Speed"为800mm/s 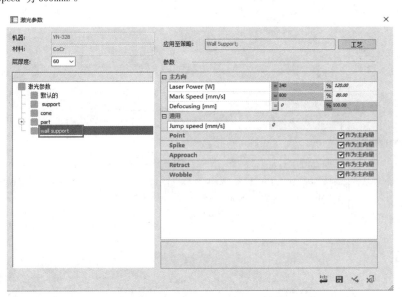 5）单击"应用至策略"后对应的"工艺"按钮，在弹出的"工艺编码"对话框中，勾选"12：Wall Support"选项，单击"确定"按钮 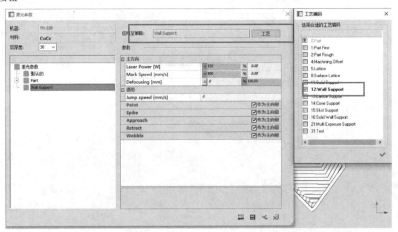

（续）

步骤名称	说明及图示
（八）计算切片	在"对象切片"对话框中，单击"确定"按钮，进行切片处理。这个过程依照零件的复杂程度，处理时间并不相同，本案例大约耗时 0.2h 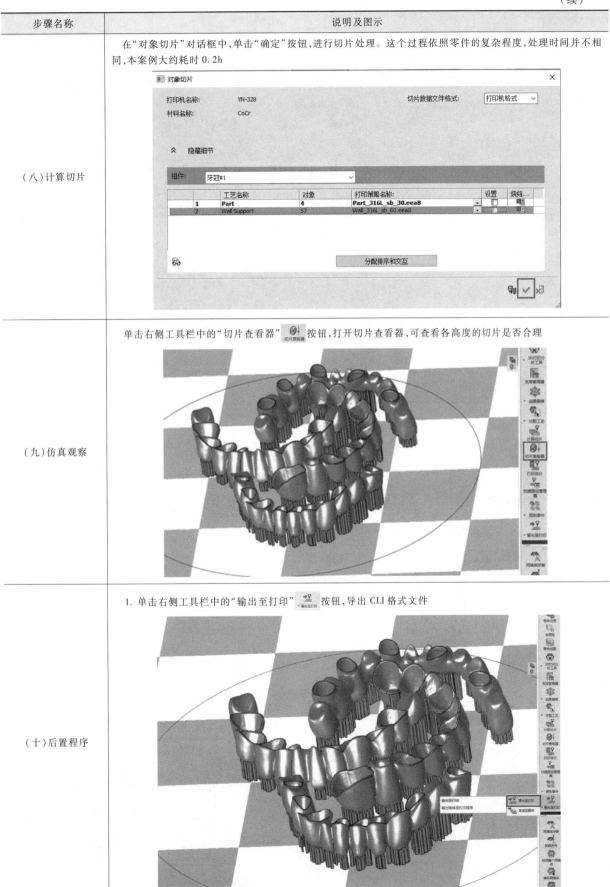
（九）仿真观察	单击右侧工具栏中的"切片查看器" 按钮，打开切片查看器，可查看各高度的切片是否合理
（十）后置程序	1. 单击右侧工具栏中的"输出至打印" 按钮，导出 CLI 格式文件

（续）

步骤名称	说明及图示
（十）后置程序	2. 勾选"输出切片数据"，设置"文件位置"为需要保存的地址，勾选"输出为合并文件"，单击"确定"按钮 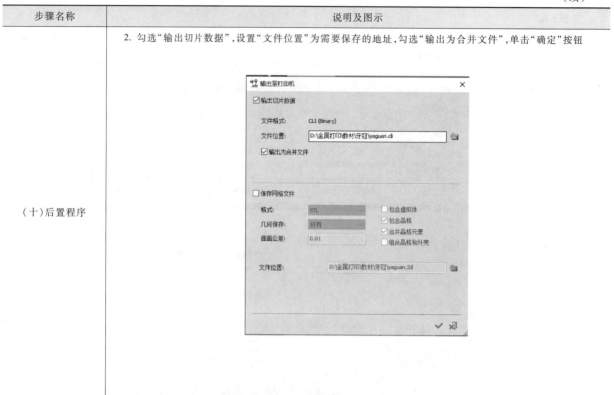

任务三　实施打印与控制

任务学习目标：

1. 掌握 SLM 金属增材设备的安全操作规程。
2. 能够熟练地将打印程序传输至增材设备中。
3. 能掌握 SLM 金属打印义齿牙冠的基本操作流程。
4. 能合理地配备打印粉末，熟练添加或回收粉末。
5. 能掌握增材制造设备的基础调试操作，包括刮刀、工作台等的调整。
6. 能有效监控打印过程，并采取合理的处置措施。

【SLM 金属打印】

激光选区熔化成形（Selective Laser Melting, SLM）技术，是将激光应用于金属增材制造中的一种主要技术途径，该技术选用激光作为能量源，按照三维 CAD 切片模型中规划好的路径在金属粉末床进行逐层扫描。扫描过的金属粉末通过熔化、凝固从而达到成形的效果，最终获得模型所设计的金属零件。激光选区熔化成形是目前金属打印中最普遍的技术，该技术原理如图 1-3-1 所示。YLM-120 型金属打印机如图 1-3-2 所示。

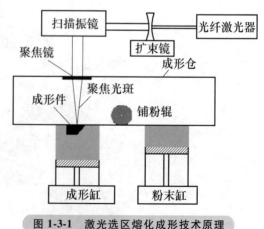

图 1-3-1　激光选区熔化成形技术原理

图 1-3-2 YLM-120 型金属打印机

【金属打印安全操作规程】

一、开机前准备工作

1）进入设备车间必须穿戴好个人防护装备（防毒口罩、护目镜、手套、防静电服、防护鞋等），禁止携带手机。

2）确认环境的温、湿度适合设备的正常使用。设备正常工作推荐温度 20~25℃，湿度 40%~60%。

3）确认激光冷却机的开关处在"ON"打开位置。

4）确认金属打印机的空气过滤器没有水、油及其他杂质（如无异常情况，每月检查一次）。

5）打开电源总开关，检查稳压器工作灯，确认亮起。

6）确认此时的激光器处于关闭状态。

7）确认过滤器处于关闭状态。

二、开机

1）打开设备总开关。

2）打开电力控制按钮。

3）待进入设备操作界面后，输入账号密码进入。

4）打开金属打印机操控软件。

5）拉开成形仓仓门，单击"氧气探测检测"按钮。

6）关闭成形仓仓门，勾选"镜头保护气体"。

三、设备准备工作

1）打开操作面板，下降成形平台（成形底板）至刮刀下约 10mm 位置，单击"刮刀归零"按钮。

2）单击"成形平台归零"→"回收缸归零"→"供料缸归零"。

3）拉开成形仓仓门，用防爆吸尘器清洁仓门上的金属粉尘。

4）拆下进风口并清洁。

5）清洁出风口、成形平台和刮刀上的金属粉尘。

6）下降全部缸体到底，清洁缸体的内部。

7）清洁并擦拭扫描振镜保护镜。

8）拉开过滤器仓门，清洁过滤仓内部及过滤瓶。

9）确认过滤器的型号与将要加工的材料一致后关闭过滤器仓门。

10）将成形平台上升至最高。

11）将成形底板用酒精清洁后装入成形平台。

12）勾选"平台升温"，拧紧固定螺钉。

13）校正成形底板的 X、Y 平面度，平面度误差要求低于 0.02mm。

四、操作过程的安全隐患与预防措施

1. 火灾隐患与预防

防止火灾的关键是，要记住引发火灾的三要素：燃料（金属粉末或烟灰），点火源（激光或火花）和氧气。虽然这些金属增材设备的设计考虑到在惰性气体环境中发生激光与金属粉末熔融，应该说运行方式很安全，但作为操作人员，在处理金属粉末、粉尘时，应避免任何点火源环境，消除任何可能的风险。此外，还有容易忽略的风险是静电放电（ESD），因此一些必要的防护装备，包括防静电腕带，都是避免意外发生的有效途径。

了解粉末的生命周期也有助于防范意外发生，粉末以罐式的包装运送到加工现场，最后作为回收粉末，或以废料回收形式被收集起来，看起来流程相当简单流畅，但必须留意粉末的整个存在环境链，如被困在产品中的粉末，被困在过滤器中的烟灰和粉末，以及积聚在手套上后被擦拭、清洁积累下来的粉末等。此外，设备内部软管和横梁也会积聚粉末，所有的散落沉积粉末都需要定期处理。总之，防止火灾至少采取以下措施：

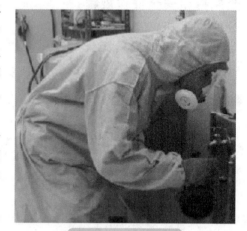

图 1-3-3　标准 PPE

（1）个人防护装备（PPE）　PPE 是一种自卫的防护手段，如果发生火灾，可以有效地保护个人生命安全，根据预算的不同，可以配置不同级别的防护装备。标准 PPE 包括呼吸器、丁腈手套、面罩、防静电表带等，如图 1-3-3 所示。

（2）灭火方法　发生火灾时，扑灭金属火灾需要使用的是 D 型灭火器，如图 1-3-4 所示。需要注意的是，水对金属火灾来说可能更危险。

（3）粉末储存　平时粉末储存在未开封的罐子里，当罐子被打开后，最好将开封的罐子存放在易燃防护柜中，对于活性金属合金（尤其是铝合金粉）这更是必须的。易燃防护柜如图 1-3-5 所示。

图 1-3-4　D 型灭火器

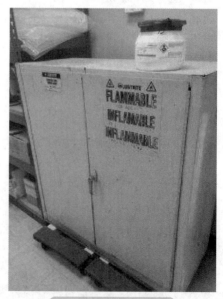

图 1-3-5　易燃防护柜

2. 防止吸入和接触粉末

操作人员操作 3D 打印机或进行后处理，需要接触金属粉末，这种粉末直径小于 $100\mu m$，能很容易地进到人体肺部或黏膜，导致呼吸道或是神经方面受损。减少粉末吸入风险的主要方法是使用呼吸器。最为推荐的是带内置面罩的呼吸器，更优选的是 PAPR 呼吸器，它能提供正压空气，推荐使用 N95 以上的呼吸器过滤器。例如，铝粉常用作金属打印的粉末，如果操作人员接触到的铝量超过身体的排泄能力，多余的铝就会沉积在人身体的各个组织中，长时间的积累会导致神经损伤。所以，通常建议：

1）使用长袖口的皮手套和导电安全鞋。

2）戴过滤面罩可以保护操作人员免于吸入灰尘、烟雾和气溶胶。

3）开始工作之前，需要注意放置好手表、腕表首饰和手机。

4）完成工作后，需要脱掉保护外套，然后轻轻擦拭手、手臂和肘部。

5）可以考虑铺一层地板垫，以便操作人员在走出房间时清除鞋底粉末。

3. 预防惰性气体窒息

惰性气体（如氮气或氩气）用于为粉末加工过程中提供防止氧化的环境，这些气体被储存在气瓶中或从发生器中输送。设备性能稳定无泄漏是至关重要的，当发现成形仓内的氧气含量水平无法降低至所需标准，或者气体成分发生比较大的波动，可能与惰性气体发生泄漏有关。设备用户必须知道气体阀的位置，必要时需要自行手动关闭。

为了防止发生人员惰性气体窒息情况，一个有效的装置是氧气传感器（图 1-3-6）。这是一种重要的传感器，特别适用于安装有任何依赖于惰性气体的设备的空间。如果氧气含量低于安全值，则会触发警报以提醒现场人员立即撤离。

4. 预防污染和爆炸

在金属加工车间，会有一些钛、铝、镁等金属粉末悬浮在空气中，达到一定浓度后，如果遇到火源，会发生燃烧甚至产生爆炸。另外，热的物体表面、热气体都有可能产生火花和杂散电流，从而成为点火源。

引起爆炸的条件包括粉尘、氧气、燃料和封闭空间，因此金属粉末的存储、加工、后处理，都要避免火源和静电。为了确保使用者的安全，降低设备财产风险，一定要重视增材制造过程中的安全性，认真查阅设备使用说明书，积极参加设备厂商提供的培训，了解设备的安全操作规范，安全协同操作，如图 1-3-7 所示，做好防范措施。

图 1-3-6　氧气传感器

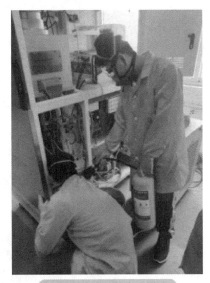

图 1-3-7　安全协同操作

义齿打印
过程视频

【打印过程】

金属打印操作步骤说明及图示见表 1-3-1。

表 1-3-1 金属打印操作步骤说明及图示

操作步骤	说明及图示
（一）打印前检查与确认	1. 操作前穿好防护服,戴口罩(内侧为普通口罩,外侧为防毒口罩)、一次性手套、防静电手环,并整理好袖口 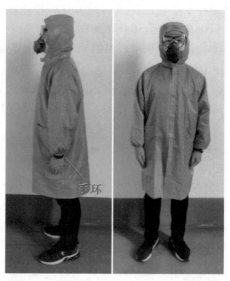 2. 在前面切片环节已经通过模型和材料规格完成了对设备型号的选择。在本环节打印前仍需要再次确认设备规格、型号,本次打印模型尺寸为 82mm×75mm×16mm,材料为钴铬合金粉末,因此,YLM-120 型金属打印机即可满足打印条件 3. 现场对金属增材设备进行打印前的检查与确认,包括冷水机循环水位是否处于安全高度值;设备所在车间的环境温度保持在(25±5)℃,湿度小于75% 
（二）启动设备	1. 首先打开电源总开关,让所有附属设备通电。打开循环过滤器电源开关,确保风机正常运转。打开金属打印机电源开关 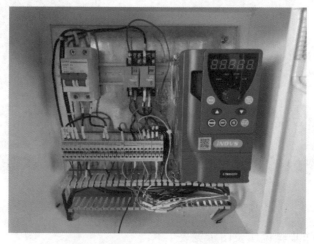

（续）

操作步骤	说明及图示
（二）启动设备	2. 接着打开冷水机电源开关,确保冷水机处于制冷状态  3. 启动金属打印机内置计算机,打开配套操作软件 
（三）预制惰性气体	1. 打印开始时,需要不断地从成形仓排出空气,同时充入惰性气体,以此来保证打印层不被氧化。材料不同,需要的惰性气体也不同。钴铬合金粉末可以用氮气作为保护气体。制氮机在启动之前需要先启动空气压缩机,并保证压缩气压为 0.5~0.8MPa 2. 根据要求,依次按下开关运行制氮机,制氮机运行后需要一定的时间氮气纯度才能达到 99.99%,之后方可进行打印操作 

（续）

操作步骤	说明及图示
（四）打印前清理	1. 打印前要先完成对设备粉末的清理工作，应该按照从上而下、从里到外的顺序进行。首先进行的是成形缸内的粉末清理（各个缸室的清理都包括扫、吸、擦三步）  2. 进行整个成形仓内部的粉末清理工作，包括各构件、传动机构、各部位死角的清理等，可采用防爆吸尘器进行吸粉清理  3. 对关键部件要用酒精擦拭清洁 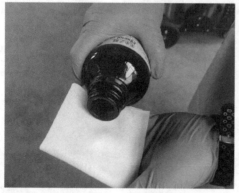 4. 清理完成形仓内粉末后，需要用无尘布蘸酒精擦拭扫描振镜保护镜，擦拭的手法为由内向外，顺时针方向螺旋擦拭 

（续）

操作步骤	说明及图示
（五）配置粉末材料	1. 打印前要提前完成粉末的配置,二次使用的粉末必须进行筛粉与过滤。二次使用的粉末在使用前需要达到一定的混合比例,一般都要加入 1/3 的新粉,保证粉末的粒度和纯度。该项操作也是打印成功的必要保障 2. 新粉和二次使用的粉末都需要烘干,并且保证干燥度在 98% 以上。粉末的干燥度影响粉末的流动性,粉末流动性的好坏决定落粉或铺粉的效果,最终都将影响打印成败 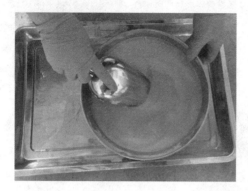 
（六）添加粉末	1. 把配置好的粉末先灌装到加粉筒,利用到的工具有铲子、漏斗等,灌装粉末时一定要穿戴必要的防护用具,如静电衣、防尘面具、防静电手环等 2. 利用加粉筒把设备的粉末缸加满。操作前先将粉末缸移动到下限最大值,后加满粉末缸   3. 通过软件操作界面检查当前的粉末余量,确保粉末已加满 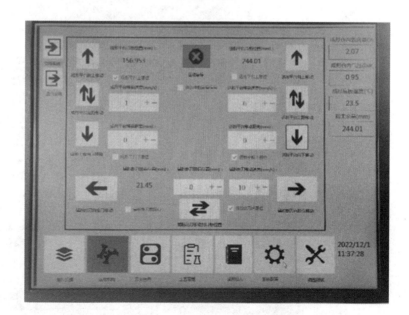

（续）

操作步骤	说明及图示
（七）更换、调平 成形底板	1. 根据打印材料的不同,选择相应的成形底板材料。本项目打印粉末为钴铬合金粉末,选择的成形底板材料为45钢  2. 固定成形底板时,需要将成形底板和成形仓平面保持平齐。可通过检测平板来进行检测。如果成形底板与成形仓平面不平齐,可以在成形底板下面的相应位置垫上合适的垫片,直至两者平齐为止 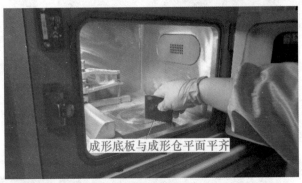 成形底板与成形仓平面平齐 3. 调平后,利用内六角扳手通过螺母固定,把成形底板安装在成形缸底部  4. 固定后,使成形底板在平齐的基础上向上移动1mm,保证激光焦距位置最佳。因为默认激光焦距位置是在成形仓平面之上1mm处调整的,所以成形底板上1mm处为最佳焦距 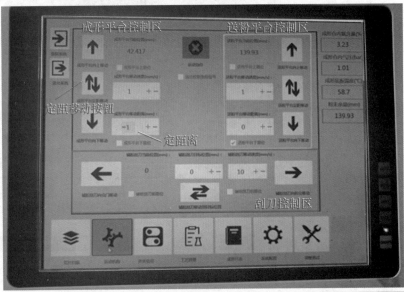

（续）

操作步骤	说明及图示
（八）更换刮条、 调整刮刀	1. 利用扳手将整个刮刀全部拆下,清理刮刀上的残留粉末和杂质 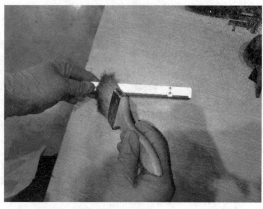 2. 用剪刀裁剪汽车刮水器的刮条,裁剪要均匀,大小合适 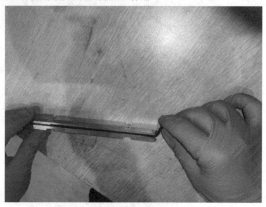 3. 将裁剪好的刮条安装到刮刀下部,观察刮条是否垂直于锁紧端面。若不垂直,要进行调整,最后锁紧螺母使其牢固  4. 将刮刀装回到设备相应位置,并配合塞尺,调节刮条相对于成形底板的位置,使左右间隙为 0.03mm 左右比较合适 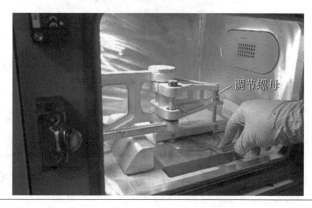

（续）

操作步骤	说明及图示
（九）铺粉、调整 成形底板	1. 通过操作控制系统,完成粉末缸顶粉和刮刀前后摆动参数设置,使顶粉粉量合适,使刮刀前后摆动范围合适 2. 通过调节螺母调节刮刀相对于成形底板的间隙高度,观察粉层厚度与均匀程度,完成铺粉工作  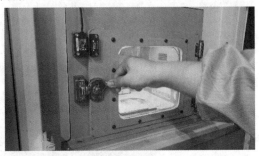
（十）设备预环境	1. 关闭成形仓仓门,确保锁紧 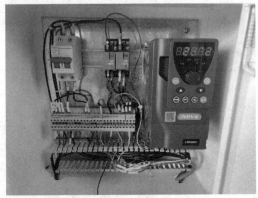 2. 打开惰性气体电磁阀,打开设备吸气阀,充入惰性气体,降低氧含量。当仓内氧含量降至0.5%以下时可以开始打印 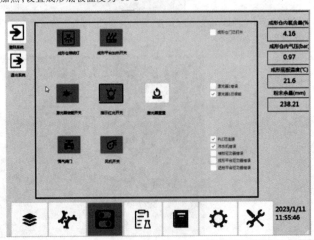 3. 进行成形底板加热,设置成形底板温度为60℃

（续）

操作步骤	说明及图示
（十一）导入模型 打印程序	1. 在导入界面选择后缀为 CLI 格式的文件 2. 通过预览查看，检查程序和首层的路线轨迹 3. 查看当前成形层和预计打印时间等 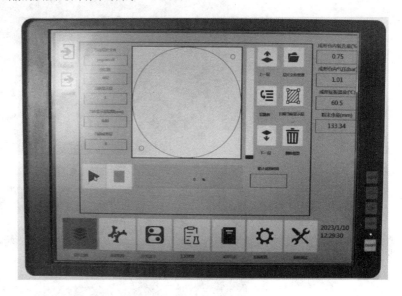
（十二）运行程序	1. 检查各运行环境参数，包括室内氧含量、粉末余量、成形底板温度、风机状态、冷水机状态、过滤系统状态等 2. 以上参数均在正常范围内，可开始成形打印 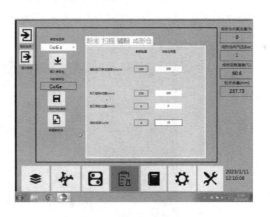
（十三）过程控制	1. 检查铺粉效果，查看整个成形底板的铺粉情况，至少需要保证整个成形底板铺粉正常，没有缺粉情况 

（续）

操作步骤	说明及图示
（十三）过程控制	2. 检查顶粉口的顶粉量,既不能没有,又不能太多。顶粉量太少可能影响成形区域铺粉效果,太多可能会造成不必要的粉末浪费 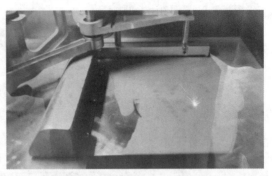 3. 检查风场方向和排尘效果,首先保证排风和吸尘方向正确;其次保证扬尘能落到非打印区域或直接吸走 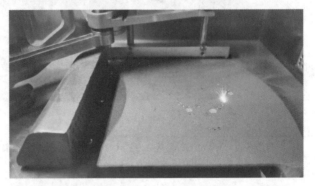 4. 检查扫描区域有无打印异样,是否存在激光功率不足、支撑强度不足或过烧情况
（十四）打印完成	1. 打印完成后,界面显示打印完成  2. 关闭循环过滤器 

（续）

操作步骤	说明及图示
（十五）清粉取件	1. 打印结束后,为保证成形仓内外温度及气压的逐渐平衡,最好静待一段时间后,再缓慢打开仓门 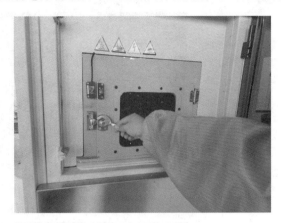 2. 手动模式移动成形底板升出成形缸。用毛刷清理粉末,把多余粉末扫进集粉瓶内,用吸尘器对残余粉末进行最后清理  3. 用皮吹子(手风器)清理沉孔里的粉末,拆除成形底板  

（续）

操作步骤	说明及图示
（十五）清粉取件	4. 尽量在成形仓内把附着在零件上的粉末清理干净,然后取出 
（十六）关机	1. 清理好仓内粉末,整理好工具配件,就可以关闭配套打印操作软件,然后关闭金属打印机的内置计算机 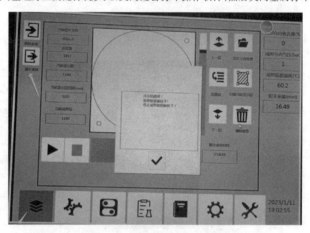 2. 关闭金属打印机电源开关,关闭冷水机电源开关,关闭循环过滤器电源开关,关闭制氮机电源开关,关闭空气压缩机电源开关,最后关闭电源总开关,使所有设备断电 

◎知识加油站——SLM 激光选区熔化打印的相关注意问题

1. 残余应力的产生原因

残余应力是快速加热和冷却的必然产物,这是激光粉末床熔化工艺的固有特性。每个新的加工层都是通过如下方式构建的:在粉末床上移动聚焦激光,熔化粉末顶层并将其与下方的加工层熔合。热熔池中的热量会传递至下方的固体金属,这样熔融的金属就会冷却并凝固。这一过程非常迅速,只有几微秒。新的金属层在下层金属的上表面凝固和冷却时会出现收缩现象,但由于受到下方固体结构的限制,其收缩会导致层与层之间形成剪切力,如图1-3-8所示。

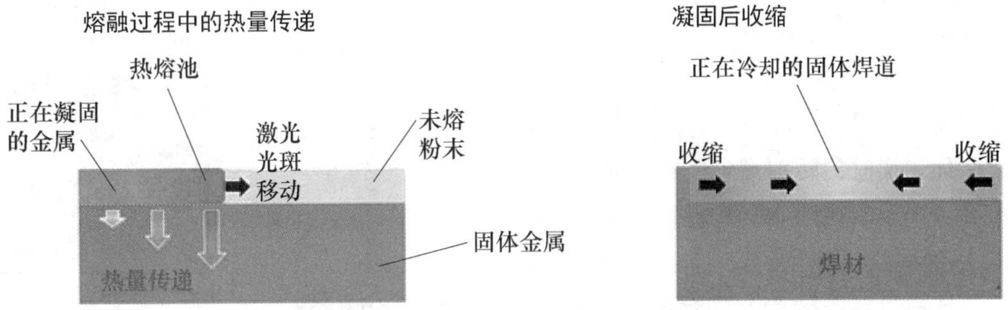

图 1-3-8　金属层熔融过程中的收缩现象

残余应力具有破坏性。当逐层打印时，应力就会随之形成并累积，这可能导致零件变形、边缘卷起，甚至可能会脱离支撑。在比较极端的情况下，应力可能会超出零件的强度，造成组件破坏性开裂或加工托盘变形。金属打印时残余应力引起的变形，如图 1-3-9 所示。

图 1-3-9　金属打印时残余应力引起的变形

上述情况在具有较大打印横截面的零件中最明显，因为此类零件往往具有较长的焊道，剪切力作用的距离更长，应力累积更严重。

2. 通过优化扫描路径来尽量减少残余应力

当用激光轨迹填充零件中心时，通常会来回移动激光，这一过程称为扫描。我们所选择的模式会影响扫描矢量的长度，因此也会影响可能在零件上累积的应力。采用缩短扫描矢量的策略，则会相应减少残余应力的产生。

下面介绍几种能够尽量减少残余应力产生的扫描模式：

1）迂回扫描模式（图 1-3-10）。

①每层扫描完成后旋转 67°。②加工效率较高。③残余应力逐渐增加。④适合较小和较薄的特征结构。

2）条纹扫描模式（图 1-3-11）。

图 1-3-10　迂回扫描模式

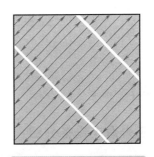

图 1-3-11　条纹扫描模式

①残余应力分布均匀。②适合大型零件。③加工效率高于棋盘扫描模式。

3）棋盘扫描模式（图 1-3-12）。

①每层分为若干个 5mm×5mm 的岛状区域。②每层扫描完成后将整体模式和每个岛状区域旋转 67°。③残余应力分布均匀。④适合大型零件。

除了根据实际情况，选择合理的扫描模式之外，也可以在从一个加工层移至下一个加工层时旋转扫描矢量的方向，每层之间通常旋转 67°，这样应力就不会全部集中在同一个平面上。

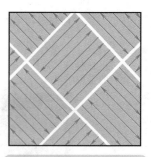

图 1-3-12　棋盘扫描模式

3. 消除残余应力的相关原则

消除残余应力可遵循以下几个原则：

1）通过调整扫描策略最大限度地消除残余应力。

2）避免大面积不间断熔融。

3）调整不同层横截面的扫描矢量方向（相互交织）。

4）在应力可能较高的位置使用较厚的成形底板。

5）加热加工托盘也是减少残余应力的一种方法。

6）去应力退火处理也可以减少累积的应力。

4. 打印支撑的扫描策略与打印实体有所不同

实践经验表明，打印支撑一般采用两次铺粉、但打印一次的方式。支撑每层都进行打印会造成支撑位置铺粉有凸起情况，导致支撑位置越打越高，最终会导致刮条受损、打印失败。采用两次铺粉、一次激光扫描的方式，可以很好地解决支撑位置铺粉凸起的问题。

任务四　后处理与检测

任务学习目标：

1. 了解金属打印后处理的常见工艺特点。
2. 能掌握去应力退火的基本操作，选择合理的去应力退火参数。
3. 能掌握简单的线切割操作，完成打印件的切割。
4. 能掌握成形底板的修复工艺。

【后处理工艺路线】

本项目产品义齿牙冠已完成增材制造部分，后处理相对简单，主要是完成义齿牙冠的去应力退火、线切割以及对成形底板的修复处理，制订的后处理工艺路线，如图 1-4-1 所示。

$$去应力退火 \Rightarrow 线切割加工 \Rightarrow 成形底板车削$$

图 1-4-1　后处理工艺路线

【去应力退火】

一、去应力退火设备介绍

去应力退火炉如图 1-4-2 所示，主要用于消除金属打印件、铸件、锻件、焊接件、冲压件以及零件机加工中的残余应力，是一种将零件慢慢加热到去应力工艺温度（低于再结晶温度），保温一段时间后，然后随炉冷却的热处理工艺装备。去应力加热温度一般较低，不改变组织状态，能保留冷作、热作或表面硬化效果，可消除毛坯和零件中的残余应力，稳定零件尺寸及形状，减少零件在切割加工和使用过程中的变形和裂纹倾向。去应力退火炉的特点：采用前开式炉门；以硅钼棒为加热元件；智能温度调节仪和双铂铑热电偶配套使用；对炉内温度进行测温调节和自动控制；最高工作温度可达1700℃；能够自动升温、自动降温、无须值守。

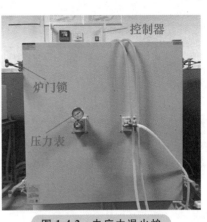

图 1-4-2　去应力退火炉

二、热处理基本安全操作规程

1）穿戴好必要的防护用具。

2）操作前要熟悉热处理设备及其他工具、器具使用方法。

3）用电阻炉加热时，零件进炉、出炉应先切断电源，以防触电。

4）出炉后的零件不能用手摸，以防烫伤。

5）处理零件要认真看清图样要求及工艺要求，严格按照工艺规程操作。

6）实习完成后，打扫场地卫生，工具、用具都放置好。

三、去应力退火操作过程

本工序环节的主要内容是正确使用去应力退火炉对义齿牙冠进行去应力退火。本产品零件材料为钴铬合金，零件整体壁厚均不超过1mm，与成形底板一体加热不易变形，综合考虑各因素，制订去应力退火工艺如下：

1）将义齿牙冠与成形底板一体平置放入炉内加热，抽真空。

2）升温。以50～150℃/min的升温速率从室温升至950～1050℃。

3）保温。在950～1050℃保温1h。

4）随炉冷却。

去应力退火操作步骤说明及图示见表1-4-1。

表 1-4-1　去应力退火操作步骤说明及图示

操作步骤	说明及图示
（一）退火炉检查与确认	1. 检查退火炉周边是否存在安全隐患 2. 检查退火炉各连接线插头是否正常 箱式退火炉型号铭牌
（二）接通电源	打开设备电源保护开关

（续）

操作步骤	说明及图示
（三）放入零件	打开炉门，将打印件连同成形底板一同放进炉内 
（四）开始加热准备	堵好隔热耐烧板，然后关好炉门，按下<加热准备>键 
（五）选择合适档位参数	1. 按<SV>键将 SV 值设定至相应退火温度（900℃） 2. 按<TIME>键将保温时间设置为 20min 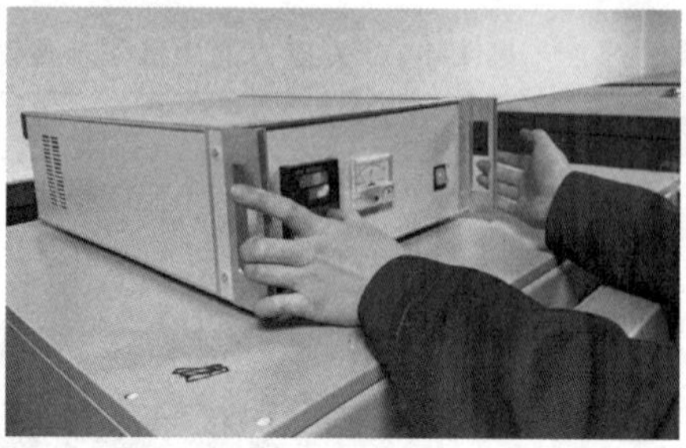
（六）退火	1. 按下<RUN>键运行主程序，即开始退火过程 2. 自动实现加热并保温，然后随炉冷却 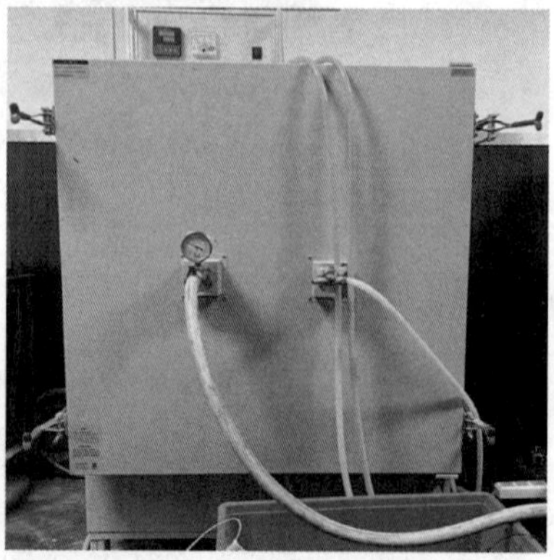
（七）完成退火	退火结束后，按下<加热停止>键，关闭电源开关，即结束退火操作全部过程

四、去应力退火相关注意事项

钢的退火分为扩散退火、完全退火、不完全退火、等温退火、球化退火、再结晶退火、中间退火、去应力退火等，常用的主要有以下三种：

1. 不完全退火

不完全退火是将铁碳合金加热到 $Ac_1 \sim Ac_3$ 之间，达到不完全奥氏体化，随之缓慢冷却的退火工艺。不完全退火主要适用于中、高碳钢和低合金钢锻件、轧件等，其目的是细化组织和降低硬度，加热温度为 $Ac_1 + (40 \sim 60)℃$，保温后缓慢冷却。

2. 球化退火

球化退火是只应用于钢的一种退火方法。将钢加热到稍低于或稍高于 Ac_1 的温度或者使温度在 Ac_1 上下周期变化，然后缓冷下来。其目的在于使珠光体内的片状渗碳体以及先共析渗碳体都变为球粒状，均匀分布于铁素体基体中。具有这种组织的中碳钢和高碳钢硬度低、切削性能好、冷变形能力大；对于工具钢，这种组织是淬火前最好的原始组织。

3. 去应力退火

去应力退火是将工件加热到 Ac_1 以下的适当温度（非合金钢在 $500 \sim 600℃$），保温后随炉冷却的热处理工艺。去应力退火加热温度低，在退火过程中无组织转变，主要适用于毛坯件及经过切削加工的零件，其目的是消除毛坯和零件中的残余应力，稳定零件尺寸及形状，减少零件在切削加工和使用过程中的变形和裂纹倾向。

【线切割加工】

一、线切割设备简介

线切割设备是在电火花穿孔、成形加工的基础上发展起来的，如图 1-4-3 所示，是利用移动的金属丝（钼丝、铜丝或者合金丝）作电极丝，靠电极丝和零件之间脉冲电火花放电，产生高温使金属熔化或汽化，形成切缝，从而切割出零件的加工方法，线切割机床原理如图 1-4-4 所示。

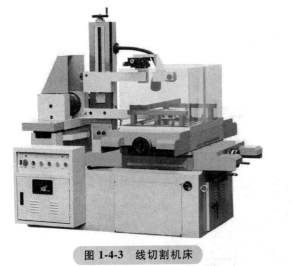

图 1-4-3 线切割机床

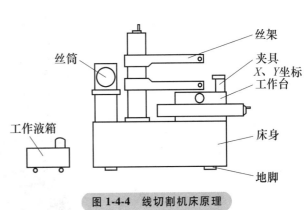

图 1-4-4 线切割机床原理

二、线切割加工安全操作规程

1）操作者必须熟悉设备的一般结构和性能，严禁超性能使用设备。

2）工作前操作者应穿戴好各种劳动保护用品，以确保工作安全。

3）操作者不可违反设备使用手册所列的各项要求与规定。

4）严禁移动或损坏安装在机床上的警告标牌、铭牌。

5）操作者必须严格遵守劳动纪律，不能空离岗位，做到"机转人在、人走机停"，非操作者不得乱动机床的任何按钮和装置。

6）设备上的任何保护设施，均不可擅自移去或修改。

7）禁止在机床周围放置障碍物，工作空间应足够大。

8）某一项工作如需俩人或多人共同完成时，应注意相互间合作协调一致。

9）不允许采用压缩空气清洗机床、电气柜及 NC 单元。

三、线切割加工过程

本工序环节的主要内容是使用线切割机床，通过简单的直线切割路径，完成义齿牙冠与成形底板的分离。线切割加工操作步骤说明及图示见表 1-4-2。

表 1-4-2　线切割加工操作步骤说明及图示

加工步骤	说明及图示
（一）线切割加工前 检查与确认	1. 机床开始工作前要有预热，认真检查润滑系统工作是否正常，如机床长时间未启动，可先采用手动方式向各部分供油润滑  2. 认真检查丝滚筒运动机构、切削液系统是否正常，若发现异常要及时报修
（二）设备开机	1. 打开设备总开关 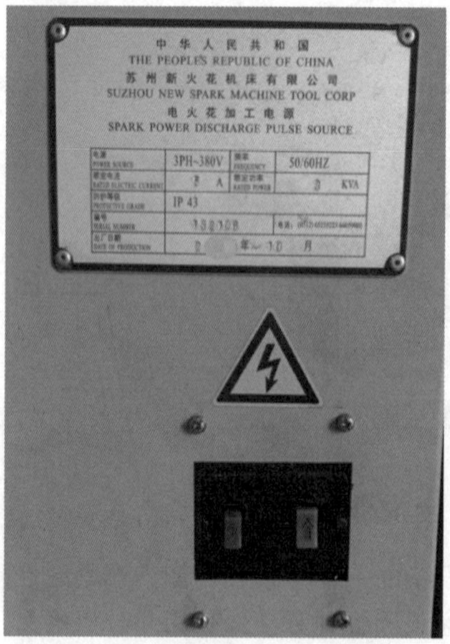

（续）

加工步骤	说明及图示
（二）设备开机	2. 打开控制系统面板,完成系统自检 3. 试启动切削液泵,检查切削液供给系统是否正常 4. 试启动丝筒,检查丝筒行程往返是否正常 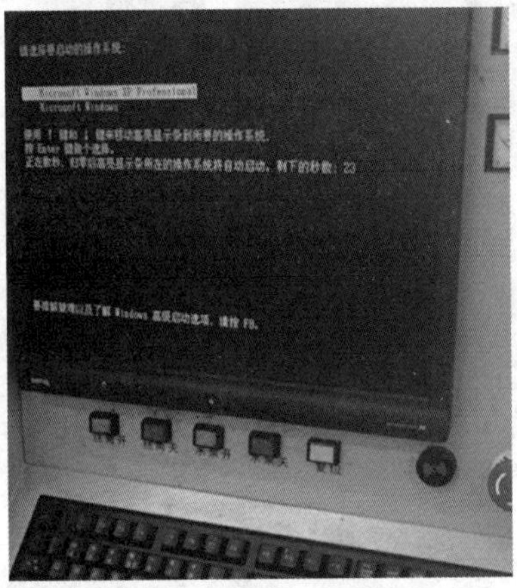  5. 检查高频电源工作是否正常,并调整好相关参数 6. 一切正常后,开始装夹工件
（三）零件装夹	1. 以成形底板作为基准进行装夹,可用磁力表座作为垂直装夹基准 2. 装夹时还要结合切割部位和切割方向进行考虑,保证成形底板面与切割方向平行,可采用百分表找正
（四）程序编制	1. 切割路径以紧贴成形底板面,但又不能切到成形底板为准(打印支撑高度留余量2mm) 2. 切割路径为一条直线,直线长度大于义齿牙冠最大排布直径即可 3. 单击"全绘编程"按钮,在线切割绘图界面绘制一条 X 方向的直线,长度大约200mm  　4. 绘图后单击"执行1"按钮,进入编程界面,单击"2 钼丝轨迹"按钮自动设置切割程序起、终点,生成程序并单击"8 后置"按钮命名保存(命名为"1423") 

（续）

加工步骤	说明及图示
（四）程序编制	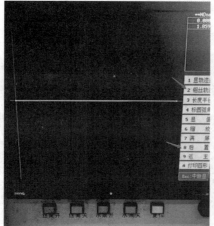 5. 单击"返主"→"加工"。  6. 在弹出的"加工"界面中,调取程序,可进行模拟检查 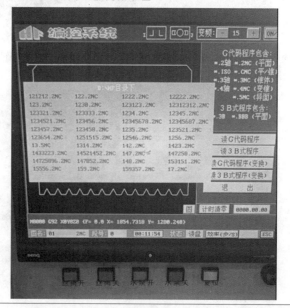

（续）

加工步骤	说明及图示
（四）程序编制	7. 程序检查无误，可设置电加工参数：单击"D 其他参数"→"8 高频组号和参数"→"3 送高频的参数"→"0"，按<Enter>键 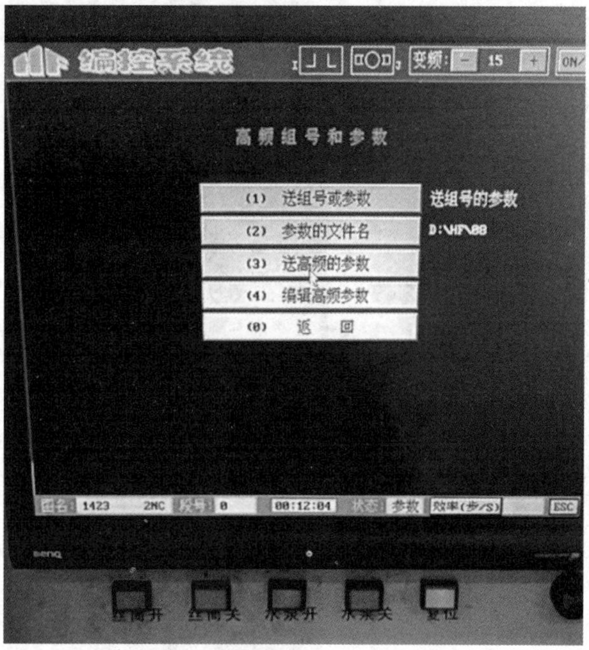 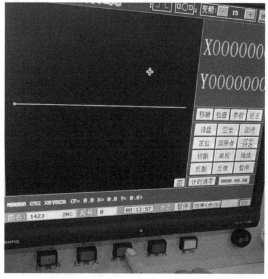 8. 电加工参数推送后，电极得电，电压表会有波动显示，为钼丝对刀加工做好了准备
（五）对刀操作	由于线切割操作的目的在于卸取制件，因此对刀操作可采用标准的放电接触对刀法，也可以采用目测法，将钼丝移动至理想的加工起点，随时准备加工
（六）执行线切割加工	1. 按下运丝电源开关，让电极丝丝筒空转，检查电极丝抖动情况和松紧程度，若电极丝过松，则用张紧轮均匀用力紧丝 　　2. 打开水泵时，先把调节阀调至关闭状态，然后逐渐开启，调节至上下喷水柱包容电极丝，水柱射向切割区

（续）

加工步骤	说明及图示
（六）执行线切割加工	3. 单击"切割"按钮，进入加工状态，坐标值开始变化。观察电流表在切割过程中，指针是否稳定，切忌短路 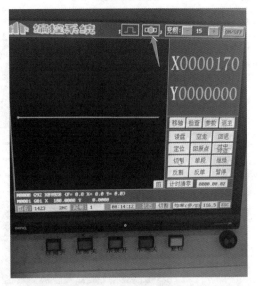 4. 整个加工过程要随时巡视，观察水、丝、电等运转是否正常。如有异常，随时停止，进行检查 
（七）加工完成	加工结束后，系统会自动关闭水泵电动机和运丝电动机，要防止零件自然坠落，避免其损伤变形

四、线切割加工相关注意事项

线切割对刀的常用方法：

（1）透光法　将机床灯光移到合适位置，看电极丝与零件表面间透过的光，以光线刚好被挡住为准。

（2）火花法　调小电流，打开水泵，电极丝移近零件，以刚好有火花产生为准。

机床控制面板上有红色急停按钮开关，加工中如有意外情况，按下此开关后可断电停机。

特别强调：机床运行时，禁止打开防护罩、用手触摸电极线！丝筒运行时，严禁插入摇把，禁止打开丝筒上部移动护盖！突发故障，应立即切断电源，请专业维修人员进行检修。

【成形底板车削】

一、数控车床介绍

数控车床是使用较为广泛的数控机床之一，如图1-4-5所示。它主要用于加工轴类零件或盘类零件的内外圆柱面、任意锥角的内外圆锥面、复杂回转内外曲面，以及圆柱螺纹、圆锥螺纹等，并能进行切槽、钻孔、扩孔、铰孔及镗孔等加工。数控车床是按照事先编制好的加工程序，自动对被加工零件进行加工。

图 1-4-5 数控车床

二、数控车床安全操作规程

1）进入数控车削工作场地后，应服从安排，不得擅自启动或操作车床数控系统。

2）按规定穿戴好劳动保护用品。

3）不准穿高跟鞋、拖鞋上岗，不准戴手套和围巾进行操作。

4）启动数控车床前，应该仔细检查数控车床各部分机构是否完好，各传动手柄、变速手柄的位置是否正确，还应按要求认真对数控车床进行润滑保养。

5）操作数控系统控制面板时，对各按键及开关的操作不得用力过猛，更不允许用扳手或其他工具进行操作。

6）完成对刀要做模拟换刀试验，以防正式操作时发生撞坏刀具或撞坏设备组件的情况。

7）在数控车削过程中，不允许随意离开工作岗位。

8）严禁两人同时操作数控系统控制面板及数控车床。

9）自动加工时，操作者应集中精神，左手手指应放在程序停止按钮上，眼睛观察刀尖运动情况，右手控制修调开关，控制车床拖板运行速率，发现问题及时按下程序停止按钮，以确保刀具和数控车床安全。

三、数控车削过程

本工序的主要内容是通过数控车床完成金属打印成形底板的端面切削加工，为设备后序打印做准备。车削加工操作步骤说明及图示见表 1-4-3。

表 1-4-3　车削加工操作步骤说明及图示

操作步骤	说明及图示
（一）加工前检查与确认	1. 检查 CNC 电箱 2. 检查操作面板及 CRT（显示屏）单元 3. 检查数控车床限位开关
（二）车床启动	1. 启动前确认急停开关处于"按下"状态，可避免浪涌电流冲击 2. 打开车床总开关，等待数控系统自检完成 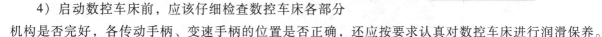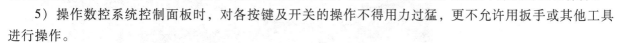 3. 选择回零模式，先返回 X 轴零点，再返回 Z 轴零点

（续）

操作步骤	说明及图示
（三）成形底板装夹	成形底板装夹需要提前在车床卡爪上制作止口台阶,确保圆形成形底板能够卡准定位,方便装夹  
（四）成形底板端面车削	
（五）车削过程可以采用 手轮方式进行	手轮控制车削可以结合数控面板上的相对坐标进行尺寸控制 
（六）车削完成	车削效果要确保成形底板的平面度和平行度要求,以及表面粗糙度值在 $Ra3.2\mu m$ 以下。成形底板厚度可根据实际情况进行调节选用

任务五 项目评价与拓展

一、产品评价（表 1-5-1）（40 分）

表 1-5-1 产品评价

序号	检测项目	设计标准	实测结果	配分	得分
1	完整度	打印完成效果		8	
2	尺寸	义齿打印尺寸变形程度		8	
3	几何公差	成形底板平面度公差 0.04mm		4	
4		成形底板平行度公差 0.06mm		4	
5	表面质量	成形底板表面粗糙度值 $Ra1.6\mu m$		8	
6	力学性能	义齿硬度 40HRC		8	

二、综合评价（表 1-5-2）（60 分）

表 1-5-2 综合评价

序号	项目环节		问题分析	亮点归纳	配分	素质表现	得分
1	任务分析				5		
2	制订工艺				5		
3	任务实施	模型检测			8		
4		切片编程			5		
5		实施打印			5		
6		后处理			8		
7	检验评价				8		
8	拓展创新				8		
9	综合完成效果				8		
个人小结							

注：可酌情将配分再分为三档，在此基础上学生素质表现如果出现不良行为，则每次扣 1~2 分，直至扣完本项配分为止。

三、思政研学

【素养园地——我国义齿制造行业转型升级的重要性】

涉及创新精神、环保节能意识、爱国主义和民族自信心教育。

※研思在线：我国在众多制造领域都能快速追赶西方发达国家，包括义齿制造行业，背后的深层原因有哪些？我们应当如何在技能报国的信念下有所作为？

四、课后拓展

1. 调查一下我国增材制造技术在医疗领域的应用情况，完成调研报告。

2. 搜集关于义齿 3D 打印制作工艺流程的资料，在学习平台上交流。

3. 搜集线切割加工的相关视频或链接，在学习平台上共享交流。

4. 认真完成实训报告，详细记录个人收获与心得。

2

项目二　打印制作模具随形冷却型芯

学习目标：

1. 了解金属增材制造技术在模具制造领域的应用现状。
2. 理解模具型芯随形冷却的概念与意义。
3. 掌握 SLM 金属打印模具型芯的工艺流程及特点。
4. 能熟练应用切片软件，合理选择加工参数，后置打印程序。
5. 能够操作金属增材设备完成本项目的制件打印。
6. 能够完成本项目制件所有相关后处理工作。

项目情境：

某模具企业开发试验模具的随形冷却型芯，型芯模型设计好以后，交由增材制造事业部进行打印，并要求后处理加工完成形芯配合固定部分，不需要抛光。该产品数量为两件，材料为模具钢。

生产工程师接到任务以后，通过任务工单了解并分析客户需求，根据客户提供的图样及 3D 数字模型，选择加工方法、材料、设备等，制订打印工艺，完成打印及后处理后，交付质检部验收确认，并填写设备使用情况和维护记录。

任务一　项目获取与分析

任务学习目标：

1. 了解金属增材制造技术在模具制造领域的应用现状。
2. 理解模具型芯随形冷却的概念与意义。
3. 掌握增、减材混合工艺规程的编制与应用。

【任务工单】（表 2-1-1）

表 2-1-1　任务工单

产品名称	果冻壳模具	编号		周期	3 天
序号	零件名称	规格	材料	数量/套	生产要求
1	模具随形冷却型芯	ϕ50mm×36mm	模具钢 3Cr2Mo	2/1	1. 增材制造型芯成形部分及基体 2. 减材制造型芯配合固定部分 3. 成形表面部分随模具型腔一体抛光处理
2					
备注			接单日期：		
生产部经理意见	（同意生产）		完成日期：		

图 2-1-1 所示为模具随形冷却型芯及其效果图。

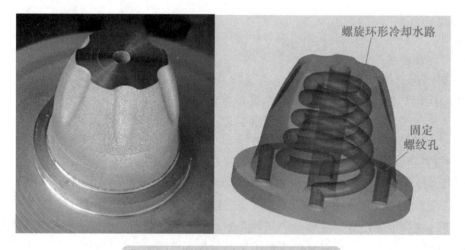

图 2-1-1　模具随形冷却型芯及其效果图

【项目分析】

一、图样分析

图 2-1-2 所示为模具随形冷却型芯零件图，现做如下分析。

1. 整体分析

本产品为果冻壳模具的小型芯，在注射生产过程中，为使柱形型芯冷却更快速、均匀，将内部冷却水路设计成螺旋环形，但异形水路采用传统加工手段难以实现，故采用增材制造方式。小型芯底端部分为圆形定位台阶，起配合固定作用，该轮廓需要用数控车床进行精加工。型芯底面设置进出水孔、顶杆孔、固定螺纹孔，也需要后序精加工。最终型芯要与模具其他成形部分进行一体抛光处理。

2. 尺寸分析

本产品底端圆形定位台阶部分尺寸需要减材制造进行保证，同时要确保几何公差（垂直度、平行度、平面度）达到要求，因此打印时单边余量应在 0.4mm 以上。产品中心的推杆孔需要铰削加工，因此打印时单边余量应为 0.2mm。底面螺纹孔 ϕ4.2mm，先由增材制造制出孔，再由丝锥攻螺纹制成。其他成形部分由金属打印完成。

3. 表面质量

本产品要经过去应力退火，减材制造，其他成形部位将采用超声波抛光，与模具其他成形零件一

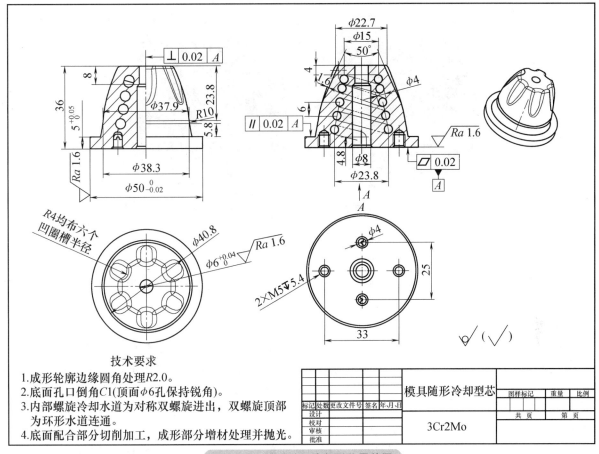

图 2-1-2　模具随形冷却型芯零件图

起表面强化处理，并一体完成抛光处理，以充分满足在模具上的应用要求。

二、相关知识

1. 传统模具制造的瓶颈

冷却水路是指在型腔、型芯中利用贯穿性的孔，通过某种介质（如水、油）不停地在内部循环，达到控制模具温度的效果，以便更好地控制塑料产品在模具中的冷却及收缩，从而控制产品尺寸及表面要求。

传统的模具内冷却水路只能通过钻孔的方式加工，并通过内置止水栓和外置堵头的方式来调整水路流向。这样就导致水路布置有很大的局限性，水路只能为圆柱形直孔，无法环绕于型芯内腔之中。当遇见形状复杂的模具产品时，传统水路无法完全贴近注塑件表面，冷却效率低且冷却不均匀，导致注塑周期长、产品成品率低。

此外，传统的模具制造需要经过图样设计、工艺设计、可行性分析、工艺审查、编程、精加工等流程，步骤烦琐，工期冗长。

2. 增材制造技术在模具行业的应用重新定义了冷却水路

增材制造技术的发展与革新，改变了模具制造长期以来被传统水路支配的困局，可充分提高模具制造效率与良品率。通过增材制造技术，可以制造出一种无所不能的冷却水路——随形水路，它可根据产品轮廓的变化而变化，到达型腔任何地方，模具内部将无任何冷却盲点。随形冷却原理如图 2-1-3 所示。

随形水路目前主要利用 SLM 增材制造技术完成，在模具冷却水路制造中，突破了交叉钻孔方式对冷却水路设计的限制，可以设计制造出更靠近模具冷却表面的随形水路。它们具有平滑的角落，完美

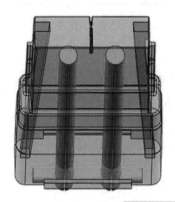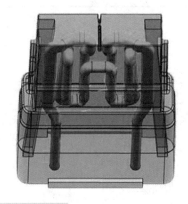

图 2-1-3　随形冷却原理

贴近模具型腔，实现最佳模温状态，获取更快的流量和更高的冷却效率。随形水路突出优势在于：设计的无限性、较少的人工参与、优秀的成形质量以及大大缩短的工期，仅需要将 3D 模型数据输入 3D 打印机即可自行加工，从而提高了生产率，可适应 0.8~1.5MPa 甚至更高压的模温机，提升了最终产品的质量，使产品的单位成本大大降低。

3. 随形水路冷却系统主要设计原则

随形水路冷却系统具备诸多优点，但在设计水路方案的过程中仍要尽量遵循以下原则：

（1）水路的形状与大小　冷却水路通用的标准横截面形状包括圆形、半圆形、矩形和 U 形。横截面周长越长，冷却效率越高，冷却速度越快。利用 Moldflow 软件仿真分析冷却水路的效果，结果表明，U 形截面冷却效率较高，半圆形截面冷却效率较低。此外，考虑中空水路打印时会产生支撑，一般横截面直径不宜超过 12mm，6mm 左右最为适宜。

（2）恒定体积定律　传统水路制造时，其横截面面积是不变的。尽管通过增材制造技术可以制造出一条拥有多种不同形状的水路，但是，在设计 3D 打印随形冷却水路时，应保持水路的横截面面积尽量不变，从而保证恒定体积的冷却液体通过水路。

（3）与模具表面的距离　冷却水路与模具表面的距离并没有一个明确的数值，对于随形水路，影响水路与模具表面距离的关键因素在于零件的几何形状。设计冷却水路与模具表面的距离时，只需要遵循一个原则：随形水路与模具表面始终保持尽量相同的距离，从而达到均匀冷却的效果。

（4）冷却水路的长度　增材制造技术制造随形冷却水路，虽不存在传统钻孔刀具损坏等问题，但在设计时仍不建议将水路设计得过长。其原则是直径最大化，流长最小化，以保证水路的冷却效率。

4. 当前常用的 3D 打印金属材料

按照材料种类划分，3D 打印金属材料可以分为铁基合金、钛及钛合金、镍基合金、钴基合金、铝合金和其他金属材料等。

（1）铁基合金　铁基合金是 3D 打印金属材料中研究较早、较深入的一类合金，较常用的铁基合金有工具钢、不锈钢、高速钢、模具钢等。铁基合金使用成本较低、硬度高、韧性好，同时具有良好的机械加工性，特别适合于模具制造。3D 打印随形冷却模具是铁基合金的一大应用，传统工艺难以加工异形水路，而 3D 打印可以控制冷却水路的布置与型腔的几何形状基本一致，能提升温度场的均匀性，有效提升良品率并提高模具使用寿命。

（2）钛及钛合金　钛及钛合金以其显著的比强度高、耐热性好、耐蚀性好、生物相容性好等特点，成为医疗器械、化工设备、航空航天及运动器材等领域的理想材料。然而钛合金属于典型的难加工材料，加工时应力大、温度高，刀具磨损严重，限制了钛合金的广泛应用。而增材制造技术特别适合钛及钛合金的制造，一是 3D 打印时处于保护气氛环境中，钛不易与氧、氮等元素发生反应，微区局部的快速加热冷却也限制了合金元素的挥发；二是无须切削加工便能制造复杂的形状，且基于粉末或丝状材料利用率高，不会造成原材料的浪费，大大降低了制造成本。

（3）镍基合金 这是一类发展最快、应用最广的高温合金，它在 650~1000℃ 高温下有较高的强度和一定的抗氧化腐蚀能力，广泛用于航空航天、石油化工、船舶、能源等领域。例如，镍基高温合金可以用于制造航空发动机的涡轮叶片与涡轮盘。

（4）钴基合金 钴基合金可作为高温合金使用，但因资源缺乏，发展受限。由于它具有比钛合金更良好的生物相容性，目前多作为医用材料使用，用于牙科植入体和骨科植入体的制造。目前常用的 3D 打印钴基合金牌号有 Co212、Co452、Co502 和 CoCr28Mo6 等。

（5）铝合金 铝合金密度低，耐蚀性好，抗疲劳性能较好，且具有较高的比强度、比刚度，是较理想的轻量化材料。3D 打印中使用的铝合金多为铸造铝合金，常用牌号有 ZAlSi9Mg、ZAlSi7Mg、ZAl-Si7Cu4 等。

（6）其他金属材料 如铜合金、镁合金、贵金属等，在 3D 打印中的需求量不及以上介绍的几种金属材料，但也有相应的应用前景。

5. 模具钢 3Cr2Mo

本项目采用的模具钢 3Cr2Mo 属于塑料模具钢，执行标准：GB/T 1299—2014。

3Cr2Mo 是一种通用型预硬化塑料模具钢，是各国应用较广泛的一种塑料模具钢。经调质处理后可以进行机械加工，具有良好的可加工性和镜面研磨抛光性能，机械加工成形后，型腔变形及尺寸变化小，经热处理后可提高表面硬度和模具使用寿命。

3Cr2Mo 钢具有以下特点：

1）代替传统的 45 钢，可用于制作大型注射模具或挤压成形模。
2）该钢在相同抛光条件下，表面粗糙度值比 45 钢低。
3）适用于压塑模具，一般可在退火工艺后粗加工，之后经淬火回火工艺后硬度可达到 30~35HRC。
4）适用于耐蚀、高精度模具。

6. 金属粉末规格

业内对于金属粉末的评价指标，主要有化学成分、粒度分布、粉末的球形度、流动性、松装密度等。3D 打印常用金属粉末粒度范围为：细粉 15~53μm，粗粉 53~105μm。不同的打印工艺也会选择不同的粉末粒度，例如 SLM 工艺常选用 15~53μm 的粉末，热喷涂工艺则常选用 15~45μm 的粉末。

粉末的粒度分布是指不同粒径的颗粒占全部粉末的含量。通常来说，粉末的粒度越小，驱动力就会越大，从而烧结就越容易；粉末之间的孔隙率越小，烧结的致密化程度以及强度就越高，打印出来的金属模型的表面质量以及强度就会越高。但是，如果金属粉末的颗粒过小，细粉过多，也会导致铺粉的厚度不均匀，出现"球化"现象，最终使模型无法成形。

三、现场条件分析（表 2-1-2）

表 2-1-2　现场条件分析

打印工艺类型	SLM	打印材料类型	模具钢 3Cr2Mo
打印机品牌型号	YLM-120	材料规格	粉末粒度 15~53μm
设备最大打印尺寸	φ120mm×40mm	后处理	去应力退火、线切割、车削、钳工
切片软件	3DXpert	表面处理类型	后期整体抛光

【工艺方案制订】

一、工艺路线分析

客户提供的模型往往是最终所需模型，缺乏增材或减材工艺余量考量，此外，模型数据在传输或转换过程中可能也会产生数据缺损、失真等情况，因此使用前，必须对模型数据进行检查分析。模型数据确认无误后，就可以导入切片软件内进行打印工艺设计及参数设置，最终后置出打印程序。传输程序至金属打印机，执行金属打印，完成后一体取下制件和成形底板，清粉后进行去应力退火。

由于本制件为模具型芯，其基座轮廓需要精加工。考虑其基座为圆盘座且与成形底板连接，可通过夹持成形底板在车床上完成圆盘座加工并铰孔，然后再线切割取件，并再次车削圆盘座底平面。最后钳工加工，要对固定螺纹孔进行攻螺纹操作，最终获取合格产品。

综合现场条件，确定工艺路线，如图 2-1-4 所示。

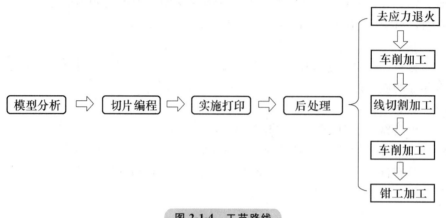

图 2-1-4　工艺路线

二、制订工艺方案（表 2-1-3）

表 2-1-3　制订工艺方案

班级：	工艺过程卡				产品型号		零件图号			
					产品名称	果冻壳模具	零件名称	模具随形冷却型芯	加工数	2
材料	模具钢 3Cr2Mo	材料形态	粉末	制件体积		预估用时/min	240	预估耗材/g		

工序号	工序名称	工序内容	车间	工段	设备	工艺装备	工时 准终	工时 单件
1	模型分析	检查模型尺寸,检查模型数据是否有破损	微机室		计算机	NX 软件		
		检查模型格式,进行数据转换	微机室		计算机	NX 软件		
		分析图样,对需要减材加工部位进行余量设置	微机室		计算机	NX 软件		
		数据转换	微机室		计算机	NX 软件		
2	切片编程	将模型导入切片软件	微机室		计算机	3DXpert 软件		
		调整模型摆放	微机室		计算机	3DXpert 软件		
		对模型进行支撑设置	微机室		计算机	3DXpert 软件		
		设置激光扫描策略和激光参数	微机室		计算机	3DXpert 软件		
		执行切片,后置程序	微机室		计算机	3DXpert 软件		
3	实施打印	穿戴好工装用品,做好安全防护,牢记安全操作规程	增材车间		金属打印机	工装、面罩、吸尘器、毛刷		
		进行金属打印准备,检查设备各项指标是否正常	增材车间		金属打印机	制氮机、冷水机、风机		
		制备惰性气体,添加干燥金属粉末	增材车间		金属打印机	制氮机、烘干机、粉筒、吸尘器、毛刷		
		安装刮条,找平工作台,调整刮板高度	增材车间		金属打印机	刮条、内六角扳手、吸尘器、毛刷		

（续）

工序号	工序名称	工序内容	车间	工段	设备	工艺装备	工时	
							准终	单件
3	实施打印	关闭打印仓，降低含氧量	增材车间		金属打印机			
		输入程序，开始打印	增材车间		金属打印机	U盘、数据线、互联网		
		打印完成后，稍等15min，规范开仓，清粉取件	增材车间		金属打印机	成形底板、烘干机、粉桶、吸尘器、毛刷		
4	后处理	去应力退火（550℃左右）	热处理室		去应力退火炉	火钳、耐温手套		
		喷砂处理	喷砂室		喷砂机	喷砂料		
		车削圆形底座轮廓，铰削推杆孔	机加工室		数控车床	单动卡盘、百分表		
		线切割分离制件	线切割室		线切割机床	百分表、成形底板夹具		
		车削加工底平面，确保平行度和平面度要求	机加工室		数控车床	自定心卡盘、软卡爪、百分表		
		钳工攻螺纹	机加工室		钳工工作台	台虎钳、M5丝锥（头攻+二攻）、铰杠、机油		

						设计（日期）	校对（日期）	审核（日期）	标准化（日期）	会签（日期）

标记	处数	更改文件号	签字	日期	标记	处数	更改文件号	签字	日期

【团队分工】

团队分工可根据各成员特点及兴趣，进行分组，并填写团队分工表（表2-1-4）。

表2-1-4　团队分工

组别：	
成员姓名	承担主要任务

任务二　数据处理与编程

任务学习目标：

1. 掌握SLM金属打印模具型芯的工艺特点及工艺规程。

2. 能运用软件对模型进行检测并适当调整加工余量，学会与客户良好沟通。

3. 能应用切片软件，合理选择加工参数，后置打印程序。

【模型数据处理】

一、模型检查（表 2-2-1）

表 2-2-1　模型检查

检查项目	是/否	问题点	解决措施
1. 各部分尺寸是否与客户确认			
2. 是否要进行缩放			
3. 是否要留取减材余量			
4. 是否存在破损面			
5. 其他			

客户提供的模型一般不能够直接使用，需要对模型进行详细检查，检查各关键尺寸是否需要减材加工，是否留有合适余量，是否存在数据损坏等情况，不能贸然使用模型，个别情况还要与客户反复沟通进行确认，以免给后续加工造成麻烦和损失。

二、数据转换（表 2-2-2）

表 2-2-2　数据转换

原始模型格式	□STP	□STL	□OBJ	□其他（　　）
拟要转换格式	□STP	□STL	□OBJ	□其他（　　）

温馨提示：数据转换后一般还要再次对模型数据进行检查，可以在切片软件里进一步完成检查及修复。

◎知识加油站——STL 格式模型转换过程中可能出现的缺陷

1. 存在缝隙即三角形面片的丢失

对于大曲率的曲面相交部分，转换成三角形面片时就会产生这种错误。在显示的 STL 格式模型上会有错误的裂缝或孔洞（其中无三角形），违反了充满规则。此时，应在这些裂缝或孔边沿处增补若干小三角形面片。

2. 畸变即三角形面片的所有边都共线

这种缺陷通常发生在从 3D 实体到 STL 格式文件的转换算法上。由于采用在其相交线处向不同实体产生三角形面片，就会导致相交线处的三角形面片畸变。

3. 三角形面片的重叠

面片的重叠主要是由于在三角化面片时，数值的圆整误差所产生的。三角形的顶点在 3D 空间中是以浮点数表示的，而不是整数。如果圆整误差范围较大，就会导致面片的重叠。

4. 歧义的拓扑关系

按照共顶点规则，在任一边上仅存在两个三角形共边。若存在两个以上的三角形共此边，就产生了歧义的拓扑关系。这些问题可能发生在三角化具有尖角的平面、不同实体的相交部分或生成 STL 格式文件时控制参数出现误差。

因为有这些缺陷，在打印过程中必须事先对 STL 格式文件数据的有效性进行检查，否则，具有缺陷的 STL 格式文件会导致快速成形系统加工时的许多问题，如原型的几何失真等，严重时还会出现死机。

【切片编程步骤】

切片编程步骤说明及图示见表2-2-3。

模具型芯
切片视频

表 2-2-3　切片编程步骤说明及图示

步骤名称	说明及图示
（一）打开软件	1. 打开"3DXpert" **Xp 3DXpert™** 软件 2. 单击"新建 mm3D 打印项目" 按钮，新建以 mm 为单位的 3D 打印项目
（二）选择打印机	1. 单击右侧工具栏中的"编辑打印机" 按钮，编辑打印机 2. 在"编辑打印机"对话框中，选择"打印机"为"YN-328"，选择"基板"为"120基板"，选择"材料"为"3Cr2Mo"，设置"最小悬垂角度"为 55°，单击"确定"按钮
（三）导入模型	1. 单击右侧工具栏中的"增加 3DP 组件" 按钮，导入 3D 组件（STL、STP 等格式文件） 2. 选择"保持原始方向"，单击"确定"按钮

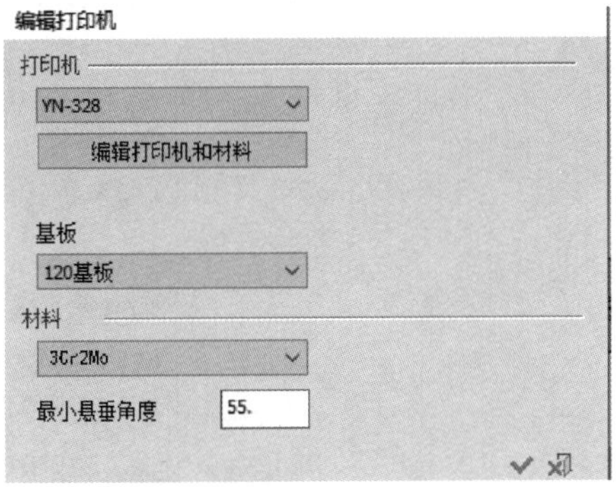

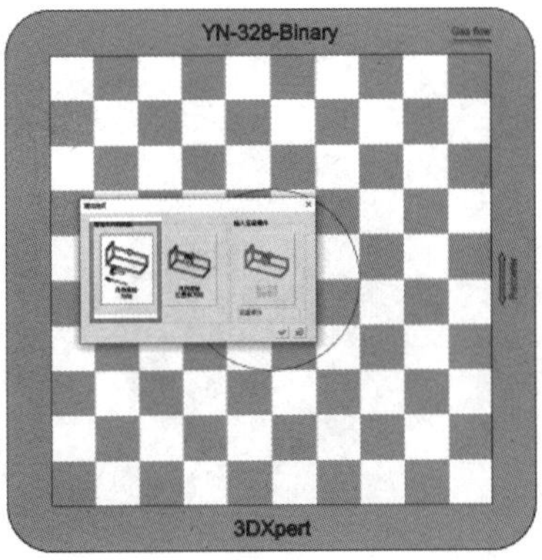

（续）

步骤名称	说明及图示
（四）模型摆放： 模型摆放轴测图、 正视图 （距底面 1.5mm）	1. 单击右侧工具栏中的"物体位置" 按钮，确定模型位置  2. 设置"Z 增量"为 1.5mm，使模型离底面 1.5mm，单击"确定"按钮。这个悬空距离是为线切割留取的切割空间  3. 按住鼠标中键，移动鼠标查看轴测图、正视图，确保模型位置合理  

（续）

步骤名称	说明及图示
（五）打印前准备（模型特征检查）	1. 单击右侧工具栏中的"3D 打印分析工具"→"打印前准备" ，进行打印前准备，检查各类型特征 2. 在"打印可行性检查"对话框中，单击"检查"按钮，自动检查各类型特征的打印可行性  3. 单击右侧工具栏中的"3D 打印分析工具"→"建立模拟分析" 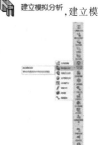，建立模型分析 4. 在"构建模拟参数"对话框中，单击"开始分析"按钮，系统会进行模型分析，存在问题的区域会变色显示，结果显示本模型一切正常 

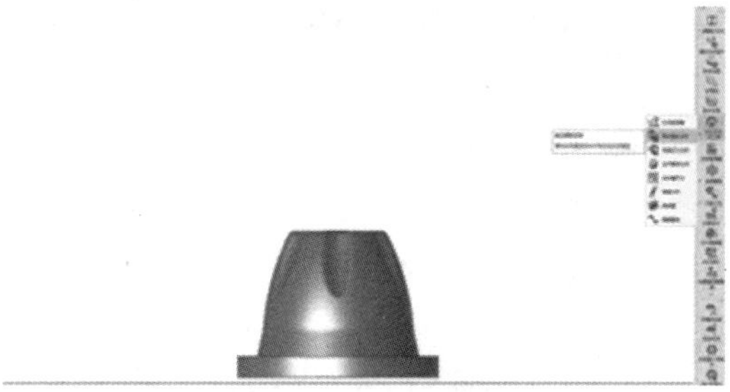

（续）

步骤名称	说明及图示
（六）支撑设计	1. 单击右侧工具栏中的"支撑管理器" 支撑管理器 按钮,设置支撑管理器 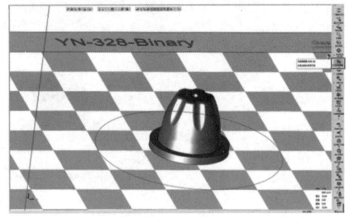 2. 设置"悬垂角度"为 55°,设置"最小宽度"为 6mm,设置"偏置"为 1mm,设置"与垂直面的角度"为 10°  3. 按住鼠标中键显示轴测图,查看支撑区域。需要添加支撑的区域都会以黄色轮廓描绘显示 

（续）

步骤名称	说明及图示
（六）支撑设计	4. 单击"支撑"选项卡中的"区域 1" 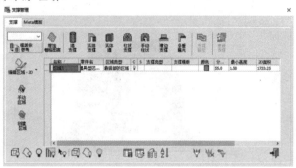 5. 单击"实体支撑"按钮 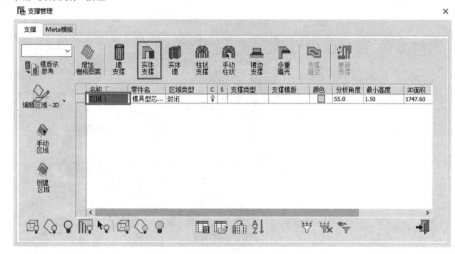 6. 在"实体支撑"对话框中进行参数设置：勾选"碎片化"，设置"X 间隔"为 10mm，设置"宽度"为 1mm，设置"角度"为 45°。碎片化的目的是确保支撑有间隔，防止应力集中 

（续）

步骤名称	说明及图示
（六）支撑设计	7. 支撑加载完成后按住鼠标中键，旋转鼠标查看正视图、轴测图，确保支撑添加合理，没有遗漏   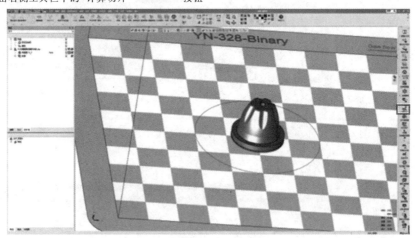
（七）参数设置	1. 分配工艺 1）单击右侧工具栏中的"计算切片" 计算切片 按钮 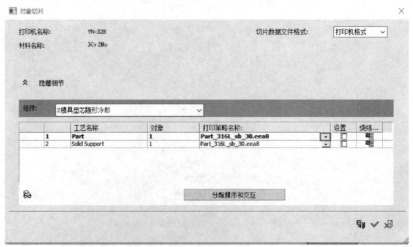（此处为对应界面图示） 2）设置打印策略。在"对象切片"对话框中，选择"打印策略名称："**打印策略名称：** 下方第一个下拉列表框中的"Part_316L_sb_30.eea8"策略。该策略需要提前设置，一般为系统默认

（续）

步骤名称	说明及图示
（七）参数设置	3）单击"Part_316L_sb_30.eea8"打印策略后对应的"设置"![设置]按钮，进行打印策略参数设置 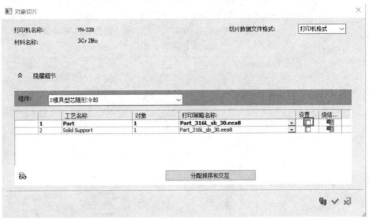 4）Part 打印策略"常规参数"设置：设置"层厚度"为30μm，设置"工艺之间，交错"为200μm，勾选"墙支撑运动-在相邻层中交替开始端和结束端""墙支撑运动-分割交叉的墙支撑"，勾选"考虑气流方向"，设置"要避开夹角范围"为37°，设置"起始角度"为30°，设置"增量角度"为67°，勾选"下表面规则"，设置"层数"为3，设置"角度大于"为10°，勾选"中间层规则" 5）Part 打印策略"轮廓参数"设置 　①勾选"最终轮廓（C1）参数"，设置"下表面"为80μm，设置"中间层"为80μm，勾选"尖部""进入""退出"，设置"等长分割，最大长度"为20000μm，选择"方向指引"为"反转"，选择"扫描顺序"为"连续" 　②勾选"轮廓（C2）参数"，设置"下表面"为160μm，设置"中间层"为160μm，勾选"尖部""进入""退出"，设置"等长分割，最大长度"为20000μm，选择"方向指引"为"反转"，选择"扫描顺序"为"连续" 6）Part 打印策略"填充轨迹参数"设置：设置"下表面"为240μm，设置"中间层"为240μm，勾选"填充下表面区域-"，在对应的下拉列表框中选择"条带"，设置"步距"为100μm，设置"单元宽度"为8000μm，选择"单元边界"为"否"，设置"偏移到中间层"为0，设置"交错到中间层"为0，选择"扫描顺序"为"连续"，选择"填充方向"为"水平"；勾选"填充中间层区域-"，在对应的下拉列表框中选择"条带"，设置"步距"为100μm，设置"单元宽度"为8000μm，选择"单元边界"为"否"，选择"扫描顺序"为"连续"，选择"填充方向"为"水平" 2. 激光参数 单击"Part_316L_sb_30.eea8"对话框左下角的"激光参数"按钮，弹出"激光参数"对话框 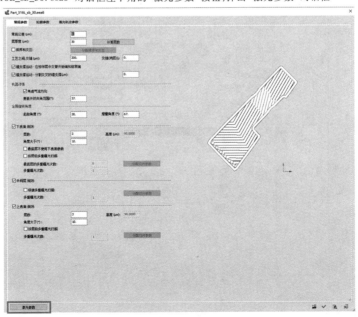

（续）

步骤名称	说明及图示

1）层厚度为 $30\mu m$ 的零件在"激光参数"对话框中"下"表面的参数设置：单击"C1"，在"参数"栏中，设置"Laser Power"为240W，设置"Mark Speed"为1200mm/s；单击"C2"，在"参数"栏中，设置"Laser Power"为240W，设置"Mark Speed"为1200mm/s；单击"填充"，在"参数"栏中设置"Laser Power"为250W，设置"Mark Speed"为1200mm/s

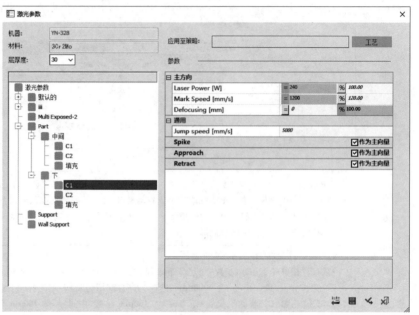

（七）参数设置

2）层厚度为 $30\mu m$ 的零件在"激光参数"对话框中"中间"层的参数设置：单击"C1"，在"参数"栏中设置"Laser Power"为240W，设置"Mark Speed"为1200mm/s；单击"C2"，在"参数"栏中设置"Laser Power"为240W，设置"Mark Speed"为1200mm/s；单击"填充"，在"参数"栏中设置"Laser Power"为260W，设置"Mark Speed"为1200mm/s

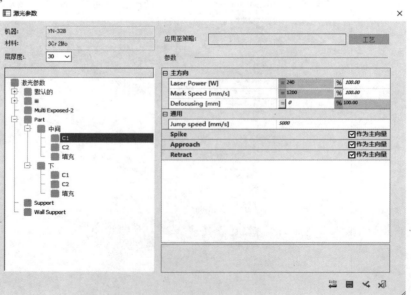

(续)

步骤名称	说明及图示
(七)参数设置	3)单击"应用至策略"后对应的"工艺"按钮,在弹出的"工艺编码"对话框中,勾选"0:Part""1:Part Fine""2:Part Rough""3:Part2""4:Machining Offset""5:Lattice""6:Part3""11:Solid Support""13:Lattice Support""14:Cone Support",单击"确定"按钮 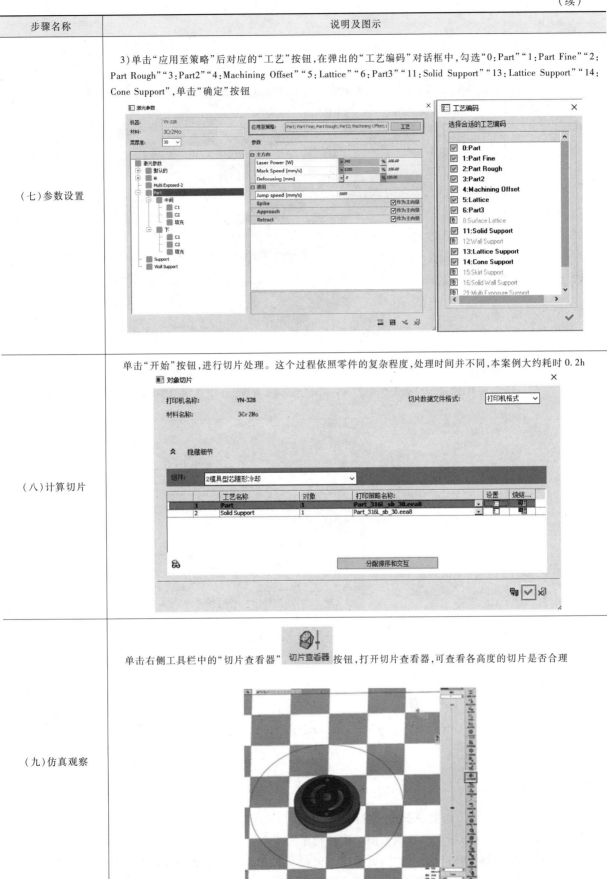
(八)计算切片	单击"开始"按钮,进行切片处理。这个过程依照零件的复杂程度,处理时间并不同,本案例大约耗时 0.2h
(九)仿真观察	单击右侧工具栏中的"切片查看器" 切片查看器 按钮,打开切片查看器,可查看各高度的切片是否合理

（续）

步骤名称	说明及图示
（十）后置程序	1. 按图示顺序找到并单击右侧工具栏中的"输出至打印" 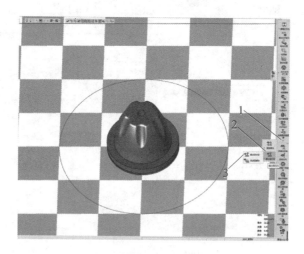 按钮，导出 CLI 格式文件 2. 勾选"输出切片数据"，设置"文件位置"为需要保存的地址，勾选"输出为合并文件"，单击"确定"按钮 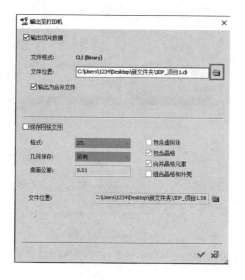

任务三　实施打印与控制

任务学习目标：

1. 掌握 SLM 金属打印相关安全操作规程。
2. 能合理地配备打印粉末，熟练添加或清理粉末。
3. 能熟练掌握增材制造设备基本调试操作，包括刮刀、工作台等合理间隙的设置。
4. 能熟练掌握 YLM-120 型金属增材设备的基本操作。

模具型芯打印过程视频

【金属打印安全操作规程】

参见项目一所列相关内容。

【打印过程】

金属打印操作步骤说明及图示见表2-3-1。

表2-3-1　金属打印操作步骤说明及图示

操作步骤	说明及图示
（一）打印前检查 与确认	1. 操作前穿好防护服、戴口罩（里面为普通口罩，外面为防毒口罩）、一次性手套、防静电手环，并整理好袖口 2. 在前面切片环节已经通过模型和材料规格完成了对设备型号的选择。在本环节打印前仍需要再次确认设备规格型号，本次打印模型尺寸为 ϕ50mm×36mm，材料为模具钢粉末，因此 YLM-120 型金属打印机即可满足打印条件   3. 现场对打印设备进行打印前的检查与确认，包括冷水机循环水位是否处于安全高度值；设备所在车间的环境温度保持在(25±5)℃，湿度小于75%，确保顺利完成本次打印任务
（二）启动设备	1. 首先打开电源总开关，让所有附属设备通电。打开循环过滤器电源开关，确保风机正常运转。打开金属打印机电源开关 2. 接着打开冷水机电源开关，确保冷水机处于制冷状态 3. 启动金属打印机内置计算机，打开配套操作软件
（三）预制惰性气体	1. 打印开始时，需要不断从成形仓排出空气，同时充入惰性气体，以此来保证打印层不被氧化。由于材料不同，需要的惰性气体也不相同。模具钢粉末可以用氮气作为保护气体。制氮机在启动之前需要先启动空气压缩机，并保证压缩气压为 0.5～0.8MPa 2. 根据要求，依次按下开关运行制氮机，制氮机运行后需要一定的时间氮气纯度才能达到 99.99%，之后方可进行打印操作
（四）打印前清理	1. 打印前要先完成对设备粉末的清理工作，应该从上而下、从里到外顺序进行。首先进行的是成形缸内的粉末清理（各个缸室的清理都包括扫、吸、擦三步） 2. 进行整个成形仓内部的粉末清理工作，包括各构件、传动机构、各部位死角的清理等。可采用防爆吸尘器进行吸粉清理 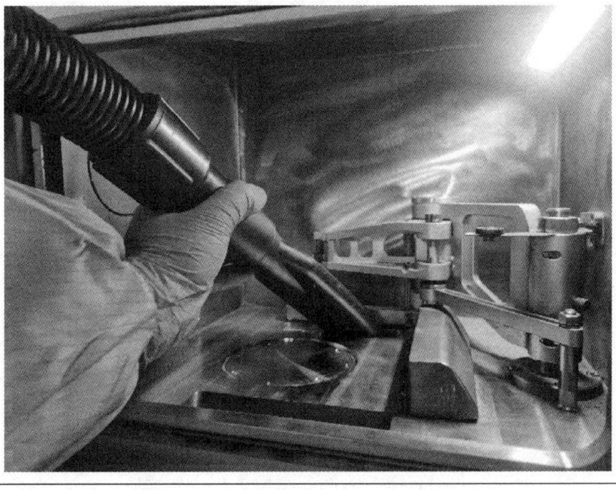

（续）

操作步骤	说明及图示
（四）打印前清理	3. 对关键部件要用酒精擦拭清洁 4. 清理完成形仓内粉末后,需要用无尘布蘸酒精擦拭扫描振镜保护镜,擦拭的手法为由内向外,顺时针方向螺旋擦拭 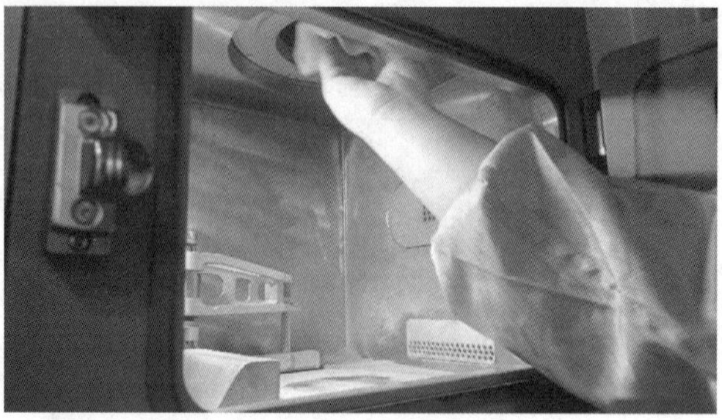
（五）配置粉末材料	1. 打印前要提前完成粉末的配置,二次使用的粉末必须进行筛粉与过滤。二次使用的粉末在使用前需要达到一定的混合比例,一般都要加入 1/3 的新粉,保证粉末的粒度和纯度。该项操作也是打印成功的必要保障 2. 新粉和二次使用的粉末都需要烘干,并且保证干燥度在 98% 以上。粉末的干燥度影响着粉末的流动性,粉末流动性的好坏决定落粉或铺粉的效果,最终都将影响打印效果
（六）添加粉末	1. 把配置好的粉末先灌装到加粉筒,利用到的工具有铲子、漏斗等,灌装粉末时一定要穿戴必要的防护用具,如防静电衣、防尘面具、防静电手环等  2. 利用加粉筒把设备的粉末缸加满。操作前先将粉末缸移动到下限最大值,后加满粉末缸 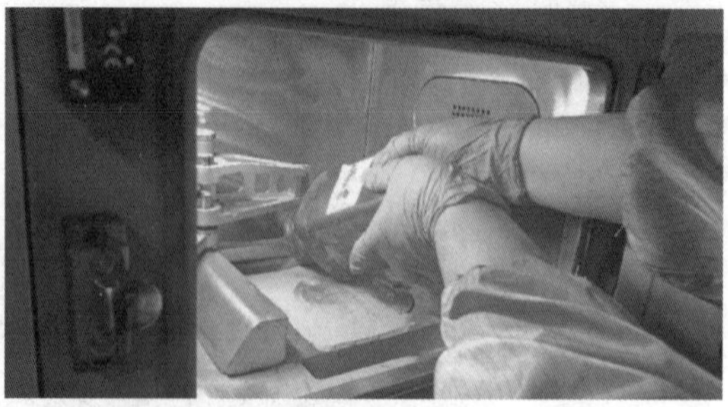 3. 通过软件操作界面检查当前的粉末余量,确保粉末已加满
（七）更换、调平成形底板	1. 根据打印材料的不同,选择相应的成形底板材料。本项目打印粉末为模具钢粉末,选择的成形底板材料为 45 钢 2. 固定成形底板时,需要将成形底板和成形仓平面保持平齐。可通过检验平板来进行检测。如果成形底板与成形仓平面不平齐,可以在成形底板下面的相应位置垫上合适的垫片,直至两者平齐为止

（续）

操作步骤	说明及图示
	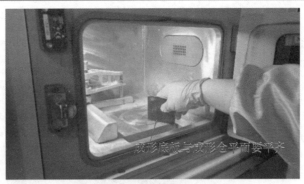 成形底板与成形仓平面要平齐

3. 调平后,利用内六角扳手通过螺母固定,把成形底板安装在成形缸底部

4. 固定后,使成形底板在平齐的基础上向上移动 1mm,保证激光焦距位置最佳。因为默认激光焦距位置是在成形仓平方上方 1mm 处调整的,所以成形底板上方 1mm 处为最佳焦距

（七）更换、调平成形底板

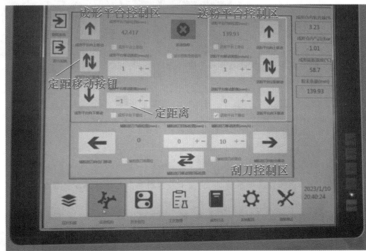

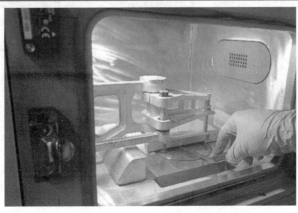

（续）

操作步骤	说明及图示
（八）更换刮条、 调整刮刀	1. 利用扳手将整个刮刀全部拆下，清理刮刀上的残留粉末和杂质 2. 用剪刀裁剪汽车刮水器的刮条，裁剪要均匀，大小合适 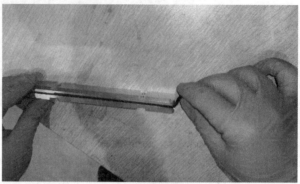 3. 将裁剪好的刮条安装到刮刀下部，观察刮条是否垂直于锁紧端面，若不垂直要进行调整，最后锁紧螺母使其牢固  4. 将刮刀装回到设备相应位置，并配合塞尺，调节刮条相对于成形底板的位置，使左右间隙合适（0.03mm 左右）
（九）铺粉、调整 成形底板	1. 通过操作控制系统，完成粉末缸顶粉和刮刀前后摆动参数设置，使落粉（顶粉）粉量合适，使刮刀前后摆动范围合适 2. 观察粉层厚度与均匀程度，通过调节螺母调节刮刀和成形底板间隙，完成铺粉工作 

（续）

操作步骤	说明及图示
（十）设备预环境	1. 关闭成形仓仓门 　2. 打开惰性气体电磁阀，打开设备吸气阀，充入惰性气体，降低氧含量。当仓内氧含量达到 0.2% 以下时可以开始打印 　3. 进行成形底板加热，设置成形底板温度为 80℃ 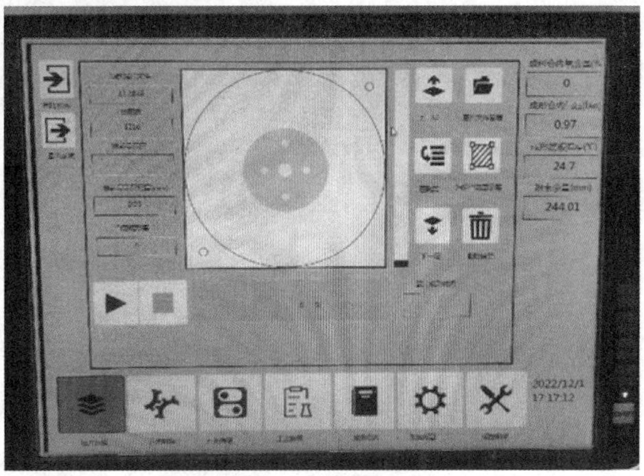 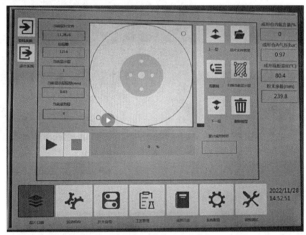
（十一）导入模型打印程序	1. 在导入界面选择后缀为 CLI 格式的文件 　2. 通过预览查看，检查程序和首层的路线轨迹 　3. 查看当前成形层和预计打印时间等 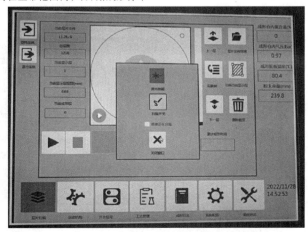
（十二）运行程序	1. 检查各运行环境参数，包括室内氧含量、粉末余量、成形底板温度、风机状态、水冷机状态、过滤系统状态等 　2. 确认以上参数均在正常范围内，可开始成形打印

（续）

操作步骤	说明及图示
（十三）过程控制	1. 检查铺粉效果，查看整个成形底板的铺粉情况，需要至少保证整个成形底板铺粉正常，没有缺粉情况 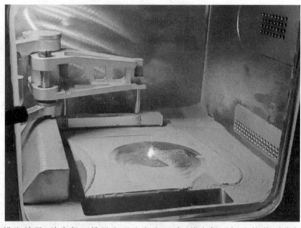 2. 检查风场方向和排尘效果，首先保证排风和吸尘方向正确，其次保证扬尘能落到非打印区域或直接吸走 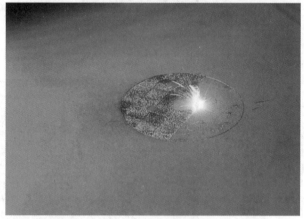 3. 检查扫描区域有无打印异样，是否存在激光功率不足、支撑强度不足或过烧情况
（十四）打印完成	1. 打印完成后，界面显示打印完成 2. 关闭循环过滤系统变频器
（十五）清粉取件	1. 打印结束后，为保证成形仓内、外温度及气压的逐渐平衡，最好静待一段时间后，再缓慢打开仓门 2. 手动模式移动成形底板升出成形缸 3. 用毛刷清理粉末，把多余粉末扫进集粉瓶内，用吸尘器对残余粉末进行最后清理 

（续）

操作步骤	说明及图示
（十五）清粉取件	4. 用皮吹子清理沉孔里的粉末，拆除成形底板 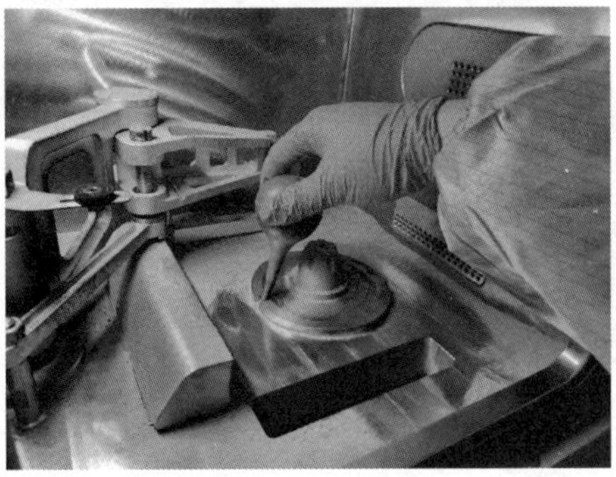 
（十六）关机	1. 清理好仓内粉末，整理好工具、配件，就可以关闭配套打印操作软件，然后关闭金属打印机的内置计算机 2. 关闭金属打印机电源开关、冷水机电源开关、循环过滤器电源开关、制氮机电源开关、空气压缩机电源开关，最后关闭电源总开关，使所有设备断电

◎ 知识加油站——SLM 激光选区熔化打印的相关注意问题

1. 金属打印中支撑的作用

尽管设计时我们会尽可能减少支撑，但有时也不可能将其完全消除。支撑有三大主要功能：

（1）稳固材料　支撑可用于固定未与前一层相连的材料，这部分材料是与成形底板形成角度小于45°的悬伸结构，或局部最低点特征。材料没有支撑，就会产生坍塌，打印必然失败。

（2）减小残余应力　打印过程中应当尽量减小残余应力，避免尖锐边缘，避免大面积加工区域直接附着在成形底板上。如果无法避免，那么就可以通过合理支撑来抵消零件残余应力。例如可以使零件呈倾斜打印状态，避免大面积应力同时作用。

（3）散热通道　打印时，零件周边的未熔粉末是一种绝热体，而支撑却会从表层区域转移走一些热量，这有助于避免粉末燃烧、过度熔化、变形和变色等问题的产生。对于正对刮刀方向的表层，其散热效果尤为显著。

总之，金属零件打印摆放时，不一定要尽量减少支撑数量，在某些特定情况下，增加支撑的数量会减小零件应力变形，提高打印成功率。

2. 利用圆角或倒角消除小型凸起或台阶的支撑

一般 0.3~1mm 的水平悬伸结构，可靠自身实现打印支撑，而超过 1mm 的悬伸结构则必须要重新设计或为其添加支撑，这时可考虑在组件中添加圆角和倒角，以消除或减少悬伸结构的额外支撑。

3. 横向孔类结构的支撑设计问题

在大多数激光粉末金属增材设备上，可加工出的孔的最小直径为 0.4mm；直径大于 10mm 且处于横斜向的孔洞或管道就需要在其中心添加支撑；直径介于这两个尺寸之间的孔洞可在不添加支撑的情况下加工，但它们的表层表面可能会出现一些变形，这是因为孔壁封顶打印时，封顶处属于悬空结构，它处于打印的表层，没有支撑，只有绝热粉层，自然会产生变形及粉末黏附。

由于横向孔的圆度不会十分理想，因此可改变它们的形状，以便它们能够采用自身支撑。在许可情况下，横向孔截面可采用泪滴形或菱形，这两种轮廓都可用于流体通道，并可提供相似的液压性能。在其他情况下，如果要求必须有高精度的圆孔，则需要进行后期减材加工。菱形孔可用作铣削加工的对称导孔，效果比泪滴形孔好。

任务四　后处理与检测

📋 **任务学习目标：**

1. 了解金属打印后处理的常见工艺特点。

2. 能使用退火炉完成去应力退火操作。

3. 能掌握车床的基本操作，进行外圆加工与平面加工。

4. 能掌握简单的线切割操作，完成制件的切割。

5. 能掌握基本的钳工操作，完成倒角及攻螺纹操作。

【后处理工艺路线】

模具型芯后处理视频

本项目产品——模具随形冷却型芯已完成增材加工，后处理主要对要求精确尺寸的结构部位进行减材处理，当然也包括一些其他的辅助工艺，结合任务一中的工艺分析情况，在满足客户图样要求和产品使用要求的前提下，制订的工艺路线如图 2-4-1 所示。

去应力退火 ⇨ 车削加工 ⇨ 线切割加工 ⇨ 车削加工 ⇨ 钳工加工

图 2-4-1　工艺路线

【去应力退火】

本工序环节的主要内容是正确使用退火炉对模具型芯进行去应力退火，目的是为了消除增材制造中产生的内应力。本制件材料为模具钢，零件整体壁厚都在 10mm 以内，零件形体较为紧凑、敦实，且与成形底板一体加热，综合各因素，制订工艺如下：

1）将模具型芯与成形底板一起平置放入退火炉内，抽真空。

2）升温。以 50~150℃/min 的升温速率从室温升至 810~850℃。

3）保温。在 810~850℃保温 2h。

4）随炉冷却至 500℃，出炉空冷。

5）热处理后硬度≤229HBW。

具体操作步骤可参见项目一所列相关内容。

【车削加工】

本工序环节的主要内容是夹住成形底板，车削模具型芯的圆盘底座外圆，确保配合尺寸精度及几何公差要求，操作步骤说明及图示见表 2-4-1。

表 2-4-1　车削加工操作步骤说明及图示

操作步骤	说明及图示
（一）加工前检查与确认	1. 检查各类接口插座，如有松动要重新插好，有锁紧机构的要锁紧 2. 检查操作面板上所有按钮、开关、指示灯的接线，发现有误应立即处理，检查 CRT 单元上的插座及接线 3. 检查所有限位开关动作的灵活性及固定性

（续）

操作步骤	说明及图示
（二）车床启动	1. 启动前确认急停开关处于"按下"状态，可避免浪涌电流冲击 2. 打开车床总开关，等待数控系统自检完成 3. 选择回零模式，先返回 X 轴零点，再返回 Z 轴零点  
（三）工件装夹	1. 四爪单动卡盘初步夹紧成形底板，目测初步找正型芯圆柱面  2. 将磁力表座吸住刀架，调整百分表测头初步压住模具型芯的圆柱面  3. 用手扳动卡盘旋转，依据百分表跳动找正工件，同时逐步锁紧四爪

（续）

操作步骤	说明及图示
（四）手动车削型芯固定圆台	1. 手动数据输入（MDI）模式下设置主轴转速为 400r/min 2. 手轮控制车削型芯的固定圆台右侧面,保证型芯高度 31mm  3. 手轮控制粗车型芯的固定圆台外圆,留取精加工余量 0.4mm  粗车大外圆 4. 在 MDI 模式下,编写单段程序:G96 G01 W-6.F0.1 5. 精车型芯固定圆台至尺寸要求,保证外圆精度 

（续）

操作步骤	说明及图示
（五）铰削操作	1. 选用 ϕ5.8mm 的钻头通过锥柄安装到车床尾座 2. 对型芯中心顶杆孔进行扩孔,转速为 100r/min,手摇尾座匀速进给  3. 更换 ϕ6mm 的铰刀,选择转速为 30r/min,加切削液,手动匀速、慢速进给,完成铰削 
（六）加工完成	1. 再次精确测量各关键部位尺寸 2. 确认尺寸合格后,松开车床卡爪,卸取工件

【线切割加工】

本工序环节的主要内容是运用线切割机床,通过简单的直线切割路径,完成模具型芯与成形底板的分离,操作步骤说明及图示见表 2-4-2。

表 2-4-2　线切割加工操作步骤说明及图示

操作步骤	说明及图示
（一）线切割前检查与确认	1. 机床开始工作前要有预热,认真检查润滑系统工作是否正常,如机床长时间未开动,可先采用手动方式向各部分供油润滑 2. 认真检查丝筒运动机构、切削液系统是否正常,若发现异常要及时报修
（二）设备开机	1. 打开设备总开关 2. 打开系统控制面板,完成系统自检 3. 试启动切削液泵,检查切削液供给系统是否正常 4. 试启动丝筒,检查丝筒行程往返是否正常 5. 检查高频电源工作是否正常,并调整好相关参数 6. 设备一切正常后,开始装夹工件

（续）

操作步骤	说明及图示
（三）工件装夹	1. 以成形底板作为基准进行装夹 2. 将成形底板竖起固定，可采用专用夹具，以夹具定位基准保证成形底板面与工作台面相互垂直，也可用磁力表座作为垂直装夹基准  3. 还要结合切割部位和切割方向进行考虑，保证成形底板面与切割方向平行，可采用百分表找正
（四）程序编制	1. 切割路径以紧贴成形底板面，但又不能切削到成形底板为准（打印支撑高度留余量 1.5mm） 2. 切割路径为一条直线，直线长度大于型芯最大直径即可 3. 单击"全绘编程"按钮，在线切割绘图界面绘制一条 X 方向的直线，长度大约 100mm 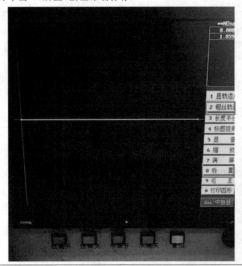 4. 绘图后单击"执行 1"按钮，进入编程界面，单击"2 钼丝轨迹"按钮自动设置切割程序起点、终点，生成程序并单击"8 后置"按钮命名保存 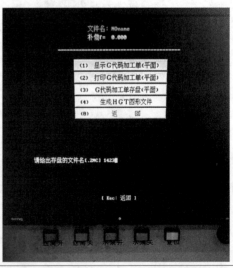

（续）

操作步骤	说明及图示
（四）程序编制	5. 单击"加工"按钮，调取程序，可进行模拟检查 6. 检查无误，可设置合适的电加工参数：单击"D 其他参数"→"8 高频组号和参数"→"3 送高频的参数"→"0"，按<Enter>键 
（五）对刀操作	由于本切割操作的目的在于卸取制件，因此对刀操作可采用标准的放电接触对刀法，也可以采用目测法，将钼丝移动至理想的加工起点，随时准备加工 
（六）执行线切割	1. 按下运丝电源开关，让电极丝滚筒（简称丝筒）空转，检查电极丝抖动情况和松紧程度，若电极丝过松，则用张紧轮均匀用力紧丝 2. 打开水泵时，先把调节阀调至关闭状态，然后逐渐开启，调节至上、下喷水柱包容电极丝，水柱射向切割区 3. 接通脉冲电源，用户应根据对切割效率、精度、表面粗糙度的要求，选择最佳的电参数方案 4. 单击"切割"按钮，进入加工状态，坐标值开始运动变化。观察电流表在切割过程中指针是否稳定，切忌短路 5. 整个加工过程要随时巡视，观察水、丝、电等运转是否正常。如有异常，随时停止，进行检查

（续）

操作步骤	说明及图示
（六）执行线切割	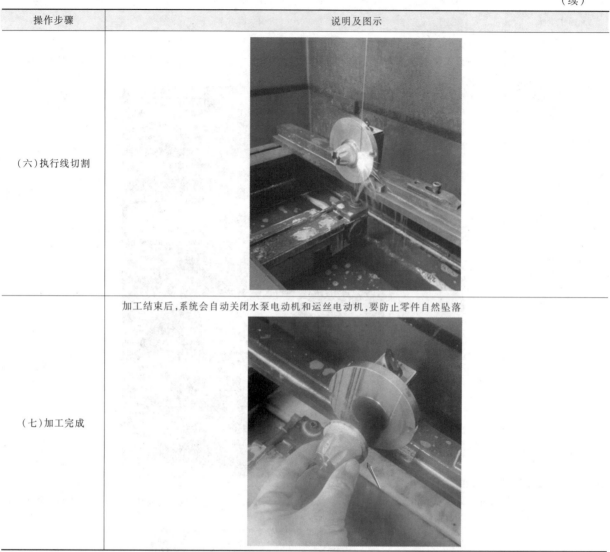
（七）加工完成	加工结束后，系统会自动关闭水泵电动机和运丝电动机，要防止零件自然坠落

【车削加工】

本工序的主要内容是通过端面车削，完成模具型芯底座平面加工，操作步骤说明及图示见表 2-4-3。

表 2-4-3　车削加工操作步骤说明及图示

操作步骤	说明及图示
（一）加工前检查与确认	1. 检查 CNC 电箱 2. 检查操作面板及 CRT 单元 3. 检查数控车床限位开关 

（续）

操作步骤	说明及图示
（二）车床启动	1. 启动前确认急停开关处于"按下"状态，可避免浪涌电流冲击 2. 打开车床总开关，等待数控系统自检完成 3. 选择回零模式，先返回 X 轴零点，再返回 Z 轴零点
（三）工件装夹	采用带有软卡爪的自定心卡盘，型芯底座靠紧软卡爪止口，小端向里夹紧工件，确保型芯轴线找正，露出待车削端面  
（四）手动车削型芯底座端面	1. 采用端面车刀，在 MDI 模式下设置主轴转速为 500r/min 2. 手轮控制端面车刀粗车型芯底座右端面，留取精加工余量 0.4mm 3. 精车型芯底座厚度，保证圆台厚度公差 
（五）加工完成	1. 外侧锐角倒钝 2. 再次精确测量各关键部位尺寸 3. 确认尺寸合格后，松开车床卡爪，卸取工件

【钳工加工】

一、钳工介绍

切削加工、机械装配和修理作业中的手工作业，因常在钳工工作台上用台虎钳夹持工件操作而称为钳工。钳工作业主要包括錾削、锉削、锯削、划线、钻削、铰削、攻螺纹和套螺纹（螺纹加工）、刮削、研磨、矫正、弯曲和铆接等。

二、钳工安全操作规程

1）操作前，正确穿戴劳动保护用具。如使用电动工具必须戴绝缘手套，女员工发辫应挽在工作帽内。

2）所用工具必须齐备、完好、可靠，才能开始工作。禁止使用有裂纹、带毛刺、手柄松动等不符合安全要求的工具，并严格遵守常用工具安全操作规程。

3）起动设备时，应先检查防护装置、紧固螺钉以及电、油、气等动力开关是否完好，并进行空载试车检验后，方可投入工作。操作时应严格遵守所用设备的安全操作规程。

4）设备上的电气线路和器件以及电动工具发生故障，应交电工修理，不得自行拆卸。不准自己动手铺设线路和安装临时电源。

5）工作中注意周围人员及自身的安全，防止因挥动工具、工具脱落、工件及铁屑飞溅造成伤害。两人及以上一起工作时要注意协调配合。

6）清除切屑必须用工具，禁止用手拉、用嘴吹。

7）工作完毕或因故离开工作岗位，必须将设备和工具的电、气、水、油源断开。

8）工作完毕，必须清理工作场地，将工具和零件整齐地放在指定的位置上。

三、钳工加工过程

本工序的主要内容是通过钳工工艺完成型芯底座上两个固定螺纹孔的攻螺纹操作，操作步骤说明及图示见表2-4-4。

表 2-4-4　钳工加工操作步骤说明及图示

操作步骤	说明及图示
（一）加工前检查与确认	检查周边环境是否存在安全隐患；检查相关工具、设备是否有安全隐患
（二）孔倒角与工件装夹	1. 孔口确保有倒角，并清理螺纹底孔，可提前往孔内注射适量机油 

（续）

操作步骤	说明及图示
（二）孔倒角与工件装夹	2. 用铜皮包裹型芯，然后在台虎钳上夹紧，同时确保型芯底座端面基本水平 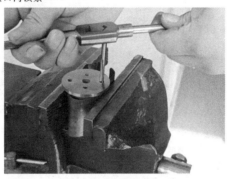
（三）攻螺纹	1. 可以采用头锥和二锥，分两次完成标准螺纹加工 2. 将丝锥方隼卡入铰杠夹紧口内锁紧  3. 在开始攻螺纹及攻螺纹的过程中，要为丝锥涂抹机油加以润滑  4. 要尽量把丝锥放正，然后对丝锥加压力并转动铰杠，当切入 1~2 圈时，仔细检查和找正丝锥的位置。一般攻入 3~4 圈螺纹时，丝锥位置应正确无误。之后，只需转动铰杠，而不应再对丝锥加压力，否则螺纹牙形将被损坏

（续）

操作步骤	说明及图示
（三）攻螺纹	5. 攻螺纹时,每扳转铰杠 0.5~1 圈,就应倒转约 0.5 圈,使切屑碎断后容易排出,并可防止切削刃因粘屑而使丝锥轧住 6. 换用后一支丝锥时,要用手先旋入已攻螺纹中,当不能再旋进时,用铰杠扳转。在末锥攻完退出时,也要避免快速转动铰杠,最好用手旋出,以保证已攻好的螺纹质量不受影响
（四）清理、检验 螺纹孔	可用气枪或毛刷清理螺纹孔,并用标准塞规检验螺纹孔

四、头锥与二锥的区别

（1）造型不同　头锥前端多了一小段锥形的不完全螺纹部分,在攻螺纹过程中起导向和降低切削力的作用。头锥的切削部分斜度较长,一般有 5~7 个不完整牙形;二锥较短,只有 1~2 个不完整牙形,如图 2-4-2 所示。

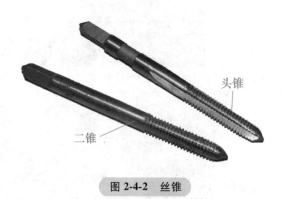

头锥

二锥

图 2-4-2　丝锥

（2）攻螺纹对象不同　在攻通孔螺纹时,只需用头锥就可以（攻到导向部分完全露出为止）。对于不通孔螺纹,如果想充分利用钻孔深度,以得到尽可能长的完整螺纹,则需使用二锥,二锥特别适用于不通孔螺纹长度与孔深尺寸相差较小的场合。

（3）前部锥体不同　头锥前部锥体长,便于导向,容易攻入。二锥前部锥体短,使螺纹更圆滑,螺钉能够轻易地拧进去。

任务五　项目评价与拓展

一、产品评价（表 2-5-1）（40 分）

表 2-5-1　产品评价

序号	检测项目	设计标准	实测结果	配分	得分
1	完整度	打印完成效果		8	
2	尺寸	$36^{+0.05}_{0}$ mm		4	
3		$\phi 50^{0}_{-0.02}$ mm		4	
4	几何公差	平面度公差 0.02mm		4	
5		平行度公差 0.02mm		4	
6		垂直度公差 0.02mm		4	
7	表面质量	表面粗糙度值 $Ra1.6\mu m$		4	
		表面处理工艺		4	
8	力学性能	硬度 45HRC		4	

二、综合评价（表 2-5-2）（60 分）

表 2-5-2　综合评价

序号	项目环节		问题分析	亮点归纳	配分	素质表现	得分
1	任务分析				5		
2	制订工艺				5		
3	任务实施	模型检测			8		
4		切片编程			5		
5		实施打印			5		
6		后处理			8		
7	检验评价				8		
8	拓展创新				8		
9	综合完成效果				8		
个人小结							

注：可酌情将配分再分为三档，在此基础上学生素质表现如果出现不良行为，则每次扣 1~2 分，直至扣完本项配分为止。

三、思政研学

【素养园地——我国模具制造业拉开了新的篇章】

讲解创新精神、科学发展观。

※研思在线：近代以来，我国曾在模具制造工业方面落后于西方发达国家，但这不代表我们一直落后于人，结合我国古代模具发展的一些历史状况，谈一谈应如何树立"四个自信"？

四、课后拓展

1. 设计问卷，调查一下周边模具企业对增材制造技术赋能模具制造的认知程度。

2. 搜集关于我国模具工业发展概况的资料，在线上平台进行分享交流。

3. 参照产品图样，亲自进行设计建模，了解该产品在模具上的具体应用情境。

4. 认真完成实训报告，详细记录个人收获与心得。

项目三 打印制作液压歧管

学习目标：

1. 了解液压阀块或液压歧管等液压元件的概念与功能。
2. 了解金属增材制造技术在液压元件领域的应用现状。
3. 掌握 SLM 金属打印液压歧管的工艺规程及特点。
4. 能应用切片软件，合理选择打印参数，生成打印程序。
5. 能够操作金属增材设备完成本项目制件工作。
6. 能够了解并完成本项目制件所有相关后处理工作。

项目情境：

某液压元件企业试制新产品，对原起重设备中的液压适配器液压阀块进行了轻量化改进设计。现在最终模型交由增材制造事业部进行打印，并要求机加工事业部完成后处理加工，包括铣平面、攻螺纹等。该产品数量为 2 件，材料为 316L。

生产工程师接到任务以后，通过任务工单了解并分析客户需求，根据客户提供的图样及 3D 数字模型，选择加工方法、材料、设备等，制订打印工艺，由设备操作员完成打印及相关后处理，再交付质检部验收确认，并填写设备使用情况和维护记录。

任务一 项目获取与分析

任务学习目标：

1. 了解金属增材制造技术在液压元件制造领域的应用现状。
2. 理解液压歧管采用增材技术制造的概念与意义。
3. 掌握增、减材混合工艺的制订与应用。

【任务工单】（表 3-1-1）

表 3-1-1 任务工单

产品名称	液压适配器	编号		周期	5 天
序号	零件名称	规格	材料	数量/套	生产要求
1	液压歧管	155mm×60mm×70mm	316L	2/1	1. 增材加工整体部分
2					2. 减材加工底平面及密封槽
备注			接单日期：		3. 完成攻螺纹
生产部经理意见	（同意生产）		完成日期：		

图 3-1-1 所示为液压歧管零件效果图。

图 3-1-1 液压歧管零件效果图

【项目分析】

一、图样分析

图 3-1-2 所示为液压歧管零件图，现做如下分析。

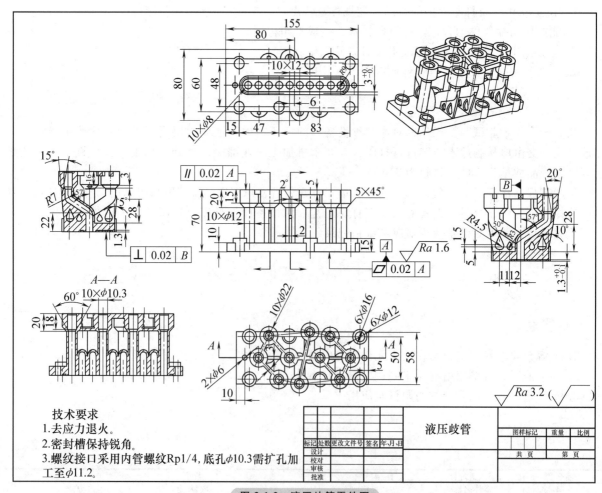

图 3-1-2 液压歧管零件图

1. 整体分析

本产品使用压力未超过 $5 \times 10^5 \mathrm{Pa}$，是一种复杂的液压集成管路，实现了对传统液压集成块的颠覆性结构优化。首先改善了液压介质的流通阻力，减少了紊流和堵塞的发生；其次实现装配集成，降低了连接部位的泄漏可能性；最终达到大幅度减重轻量化的目的。本产品结构包含平板底座、多歧路连通管路、螺纹连接部以及各加强筋。纵向加强筋设计（倒拔锥厚度+水滴形镂空）替代了打印支撑，可实现较好的程序工艺条件。

2. 尺寸分析

本产品作为连通部件，在高度方向上尺寸要求不高，主要是确保密封效果。底平面设置有弹性密封圈槽，密封面要求精加工，表面粗糙度值要达到 $Ra0.8\mu m$，平面度要达到 $0.01mm/100mm$，表面不能有径向划痕，连接螺钉的预紧力要足够大，以防止表面分离。55°密封管螺纹内螺纹有圆锥、圆柱两种形式（外螺纹只有圆锥一种形式），这里采用圆柱内管螺纹 Rp1/4，经查表，取其底孔直径 $\phi11.2mm$。

3. 表面质量

本产品要经过去应力退火，普通喷砂处理，减材加工之后适当进行防锈处理。

二、相关知识

1. 传统减材加工制造液压元件的局限性

液压元件里的控制类元件包括各种控制阀和阀块，而阀块是指用作油路的分、集和转换的过渡块体，或者用来安装板式、插装式等阀件的基础块，阀块上具有外接口和连通各外接口的流道，各流道依据所设计的原理实现正确的连通。液压阀块如图 3-1-3 所示。

尽管这些液压元件可以通过传统的减材加工工艺来制作，但减材加工技术存在很大局限性。传统阀块中的内部流道必须精确定位以防止流道交叉贯通，而且必须确保流道的壁厚能承受足够的高压，复杂的交叉结构也导致内部很多废料无法用减材加工去除，并且加工流道所产生的工艺孔也必须堵住，这也增加了泄漏的隐患。

减材加工的局限性不仅体现在干涉因素，交叉直孔钻还会在阀块内部形成急转角，在90°直角拐弯处的压降可能会过大，形成紊流损耗和污垢堵塞。而增材制造允许平滑弯曲的内部流道路径，测试表明其流动效率提高了30%~70%，尺寸虽小也能实现高效能，达到了减重轻量化的目的。液压阀块的优化如图 3-1-4 所示。

图 3-1-3 液压阀块

图 3-1-4 液压阀块的优化

2. 液压歧管

液压歧管用于引导液压系统连接阀、泵和传动机构内的液体流动，可以说是液压阀块的一种变体。它使得设计工程师可以将对液压回路的控制集成在一个紧凑的单元内，在最大限度地提高流动效率的同时，实现最小化湍流，可以最大限度地减少与系统内湍流相关的振动和共振。

3. 新一代的轻量化液压集成块的优势

液压集成块内部通路交叉纵横，进、出口排布复杂。传统加工工艺为了制造出内部交叉歧管，需要通过机械加工钻出直孔，还要把不需要外露的孔口用螺堵塞住，这无疑埋下了泄漏的隐患。再加上钻孔制造的内部通路都是直进直出，多为90°直角拐弯，计算机流体动力学分析显示，有些区域会面临流通不畅的问题，而有些部位则会面临紊流现象，造成很大的流量损耗。液流直角拐弯的紊流现象如

图 3-1-5 所示。

一些金属增材制造实验室基于增材制造过程，对传统液压集成块的流道结构和接口布置形式进行重新设计，并不断测试优化。经过优化的液压集成块如图 3-1-6 所示。

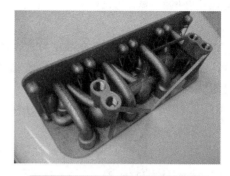

图 3-1-5　液流直角拐弯的紊流现象

图 3-1-6　经过优化的液压集成块

对比图 3-1-7 与图 3-1-8 所示仿真测试效果（深色代表流速较高区域，浅色代表流速较低区域），体现出增材制造技术的优势如下：

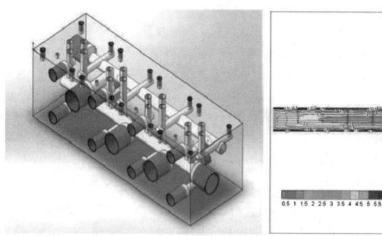

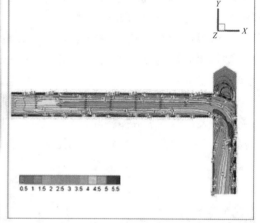

图 3-1-7　用传统方式制造的液压集成块/直角流道的流体动力分析

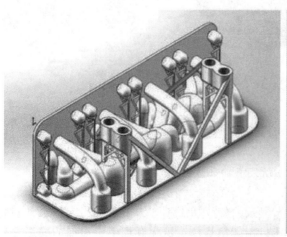

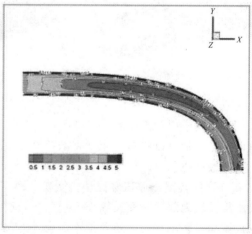

图 3-1-8　优化流道结构特征后的液压集成块/弯曲流道的流体动力分析

（1）轻量化、更紧凑　该液压集成块的重量从一开始的 1.5kg 减少到了 0.98kg，减重 35%；体积从 535cm³ 缩小到了 116cm³，减少 78%。

（2）改善流动性　通过将直角交汇的流道优化为顺畅的圆弧过渡，改善了流动特性，减小了油液经过流道的局部压力损失。

（3）提高性能与稳定性　因为金属增材制造可以一体成形液压集成块的复杂结构，所以不再需要额外的工艺钻孔，降低了泄露的风险，提高了阀体稳定性。

上述这个实例与本项目有异曲同工之妙。本液压适配器的阀块经过重新设计后，形成歧管结构，其重量比传统制造的同类产品轻 70%，同时功能还得到极大改善。其内部通道控制液压系统中的油分配，能够控制重型机械的机械臂动作。传统的制造方式先从上方和下方钻垂直孔洞，然后通过水平通道连接，为防止液压油从敞开的水平通道泄漏，还要用平头螺钉将水平通道塞住密封。钻孔和铣削的交叉边缘会产生锐利的毛刺，这些毛刺存在于流道孔内，在后期处理中产生很难用工具触及，导致液压元件会在运行过程中产生裂纹并诱发系统故障。另外，尖角拐点处产生湍流，增加能量损耗，而污物也会积聚在水平通道中，从而缩短液压系统的使用寿命。增材制造设计优化后的液压歧管，如图 3-1-9 所示。

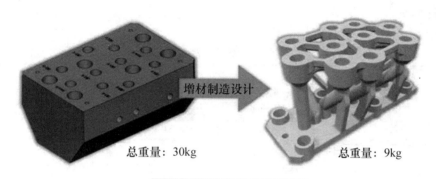

总重量：30kg　　增材制造设计　　总重量：9kg

图 3-1-9　优化后的液压歧管

4. 55°密封管螺纹

1）55°密封管螺纹不用加填料或密封材料就能防止渗漏。它有圆柱内螺纹和圆锥外螺纹、圆锥内螺纹和圆锥外螺纹两种连接方式。压力在 $5×10^5$Pa 以下时，用前一种连接已足够紧密，后一种连接通常在高温及高压下采用。

2）55°密封管螺纹内螺纹有圆锥、圆柱两种形式，外螺纹只有圆锥一种形式。

3）55°密封管螺纹标记示例（参考 GB/T 7306.1—2000、GB/T 7306.2—2000）：

①尺寸代号为 1/4 的右旋圆锥内螺纹的标记为 Rc1/4。

②尺寸代号为 1/4 的右旋圆柱内螺纹的标记为 Rp1/4。

③尺寸代号为 1/4 的右旋圆锥外螺纹的标记为 $R_1$1/4。

4）常用管螺纹的基本尺寸见表 3-1-2。

表 3-1-2　常用管螺纹基本尺寸参数表　　　　（单位：mm）

尺寸代号	每 25.4mm 内所包含的牙数	大径	中径	小径	建议底孔	基准距离	有效长度
1/8	28	9.728	9.147	8.566	φ8.4	4.0	6.5
1/4	19	13.157	12.301	11.445	φ11.2	6.0	9.7
3/8	19	16.662	15.806	14.950	φ14.7	6.4	10.1
1/2	14	20.955	19.793	18.631	φ18.3	8.2	13.2
3/4	14	26.441	25.279	24.117	φ23.6	9.5	14.5
1	11	33.249	31.770	30.291	φ29.7	10.4	16.8

5. 316L 不锈钢材料

316 不锈钢是含钼奥氏体不锈钢。较高的镍、钼含量使它具有比 304 不锈钢更好的整体耐蚀性，尤其是在氯化物环境中的点蚀和缝隙腐蚀方面。此外，316/316L 不锈钢具有出色的高温拉伸、蠕变和应力断裂强度，以及出色的成形性和可焊性。316L 是 316 的低碳版本，它常用于大规格焊接部件。美国钢铁协会的标准牌号是 AISI 316L，日本 JIS 工业标准牌号是 SUS 316L，我国的统一数字代号为 S31603，标准牌号为 022Cr17Ni12Mo2。现已被广泛应用在汽车、航天涡轮、液压元件、食品化工和消费品领域。

由不锈钢制得的金属不锈钢粉末，其粒子形状为规则的圆球状，氧含量低，球形度高，有良好的耐高温、抗氧化、耐蚀性。316L 不锈钢粉末物理特性参数见表 3-1-3。

表 3-1-3　316L 不锈钢粉末物理特性参数

粒度尺寸/μm	振实密度/（g/cm³）	流动性/（s/50g）	粒度分布/μm		
			D10	D50	D90
15~45	4.4~4.8	≤30	20~24	30~35	50~55
15~53	4.4~4.9	≤25	22~26	34~39	53~58

三、现场条件分析（表 3-1-4）

表 3-1-4　现场条件分析

打印工艺类型	SLM	打印材料类型	316L 不锈钢
打印机品牌型号	YLM-328	材料规格	粉末粒度 15~53μm
设备最大打印尺寸	328mm×328mm×220mm	后处理	去应力退火、线切割、铣削、钳工
切片软件	3DXpert	表面处理类型	喷砂处理

【工艺方案制订】

一、工艺路线分析

客户提供的模型数据往往需要格式转换，转换过程中可能也会产生数据缺损、失真等情况，因此必须对转换后的模型数据进行检查修复。同时这些模型数据缺乏增材或减材工艺余量考量，如增材制造时零件底部会产生实体支撑，减材制造时需要机加工余量，这些都需要在切片编程前进行调整准备。当模型数据修调完成后，即可导入切片软件进行编程。然后将后置出来的程序传入增材设备执行打印，完成后一体取下零件和成形底板，清粉后整体进行去应力退火。

本项目的液压歧管需要减材制造后处理的内容包括底面及密封槽加工、顶面管螺纹的加工等。

综合现场条件，本着确保质量、方便高效、安全节能的工艺编制原则，确定工艺路线，如图 3-1-10 所示。

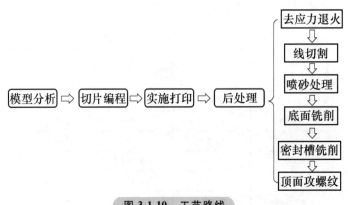

图 3-1-10　工艺路线

二、制订工艺方案（表 3-1-5）

表 3-1-5　制订工艺方案

班级：		工艺过程卡		产品型号		零件图号			
				产品名称	液压适配器	零件名称	液压歧管	加工数	2
材料	316L 不锈钢	材料形态	粉末	制件体积		预估用时/min		预估耗材/g	

工序号	工序名称	工序内容	车间	工段	设备	工艺装备	工时	
							准终	单件
1	模型分析	数据转换	微机室		计算机	NX 软件		
		检查模型尺寸,检查模型数据是否有破损	微机室		计算机	NX 软件		
		分析图样,对需要减材加工的部位进行余量设置	微机室		计算机	NX 软件		
2	切片编程	将模型导入切片软件	微机室		计算机	3DXpert 软件		
		调整模型摆放	微机室		计算机	3DXpert 软件		
		对模型进行支撑设置	微机室		计算机	3DXpert 软件		
		设置激光扫描策略和激光参数	微机室		计算机	3DXpert 软件		
		执行切片,后置程序	微机室		计算机	3DXpert 软件		
3	实施打印	穿戴好工装用品,做好安全防护,牢记安全操作规程	增材车间		金属打印机	工装、面罩、吸尘器、毛刷		
		进行金属打印准备,检查设备的各项指标是否正常	增材车间		制氮机、冷水机、风机、金属打印机			
		制备惰性气体,添加干燥金属粉末	增材车间		制氮机、金属打印机	烘干机、粉筒、吸尘器、毛刷		
		安装刮条,找平工作台,调整刮板高度	增材车间		金属打印机	刮条、内六角扳手、吸尘器、毛刷		
		关闭打印仓,降低含氧量	增材车间		风机、金属打印机			
		输入程序,开始打印	增材车间		制氮机、冷水机、风机、金属打印机	U 盘、数据线、互联网		
		打印完成后,稍等一刻钟,规范开仓,清粉取件	增材车间		风机、金属打印机	成形底板、烘干机、粉筒、吸尘器、毛刷		
4	后处理	去应力退火	热处理室		去应力退火炉	火钳、耐温手套		
		线切割分离制件	线切割室		线切割机床	百分表、成形底板夹具		
		喷砂处理	喷砂室		喷砂机	喷砂料		
		以顶面为基准加工底面及加工密封槽	机加工室		数控铣床	平口钳、面铣刀、立铣刀		
		顶面攻螺纹	机加工室		数控铣床	平口钳、丝锥		

						设计（日期）	校对（日期）	审核（日期）	标准化（日期）	会签（日期）
标记	处数	更改文件号	签字	日期	标记	处数	更改文件号	签字	日期	

【团队分工】

团队分工可根据各成员特点及兴趣，进行分组，并填写团队分工表（表3-1-6）。

表 3-1-6　团队分工

组别：	
成员姓名	承担主要任务

任务二　数据处理与编程

任务学习目标：

1. 掌握 YLM-328 型金属打印机打印液压歧管的工艺规程制订。
2. 能运用软件对模型进行检测并适当调整加工余量，学会与客户良好沟通。
3. 能应用切片软件，合理选择加工参数，完成打印程序。

【模型数据处理】

一、模型检查（表 3-2-1）

客户提供的模型一般不能够直接使用，需要对模型进行详细检查，检查各关键尺寸是否需要减材加工，是否留有合适余量，是否存在数据损坏等情况，不能贸然使用模型，个别情况还要与客户反复沟通进行确认，以免给后续加工造成麻烦和损失。

表 3-2-1　模型检查

检查项目	是/否	问题点	解决措施
1. 各部分尺寸是否与客户确认			
2. 是否要进行缩放			
3. 是否要留取减材余量			
4. 是否存在破损面			
5. 其他			

二、数据转换（表 3-2-2）

表 3-2-2　数据转换

原始模型格式	□STP	□STL	□OBJ	□其他（　）
拟要转化格式	□STP	□STL	□OBJ	□其他（　）

温馨提示：数据转换后一般还要再次对模型数据进行检查，可以在切片软件里进一步完成检查及修复。

【切片编程步骤】

切片编程步骤说明及图示见表 3-2-3。

液压歧管切
片编程视频

表 3-2-3　切片编程步骤说明及图示

步骤名称	说明及图示
（一）打开软件	1. 打开"3DXpert" **Xp** **3DXpert** 软件
	2. 单击"新建 mm3D 打印项目"  按钮，新建以 mm 为单位的 3D 打印项目
（二）选择打印机	1. 单击右侧工具栏中的"编辑打印机"  按钮，编辑打印机
	2. 选择"打印机"为"YN-328"，选择"基板"为"300×300"，选择"材料"为"316L"，设置"最小悬垂角度"为 45°，单击"确定"按钮 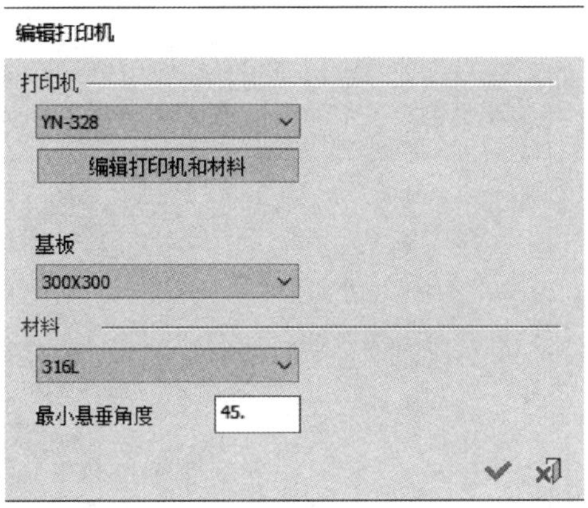 编辑打印机 打印机 YN-328 编辑打印机和材料 基板 300X300 材料 316L 最小悬垂角度　45.
（三）导入模型	1. 单击右侧工具栏中的"增加 3DP 组件" 按钮，导入 3D 组件（STL，STP 格式等文件） 2. 选择"保持原始方向"，单击"确定"按钮

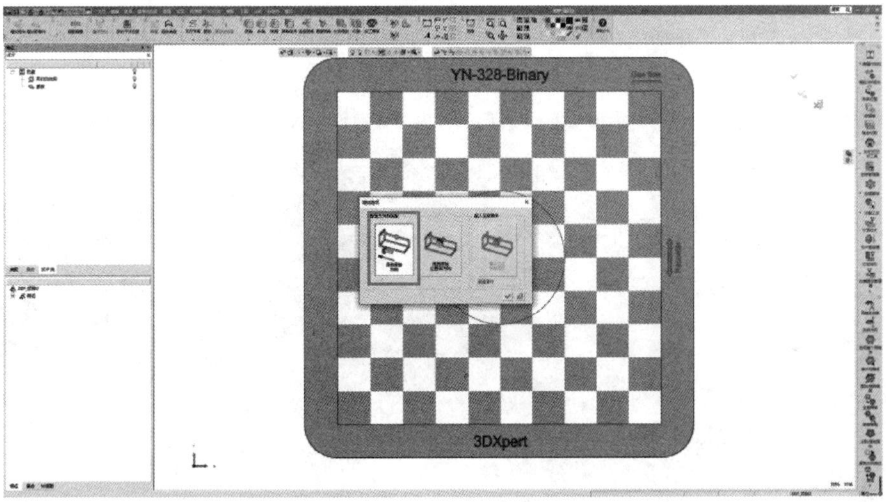

（续）

步骤名称	说明及图示
（四）模型摆放：模型摆放轴测图、正视图（距底面 2mm）	1. 单击右侧工具栏中的"物体位置"  按钮,确定模型位置 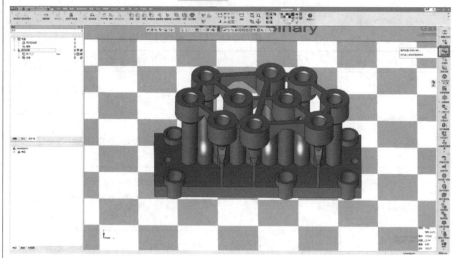 2. 设置"Z 增量"为 2mm,使模型距离底面 2mm,单击"确定"按钮。这个悬空距离就是为线切割留取的切割空间  3. 按住鼠标中键,旋转模型查看轴测图、正视图,确保模型位置合理 

（续）

步骤名称	说明及图示
（五）打印前准备（模型特征检查）	1. 单击右侧工具栏中的"3D打印分析工具"→"打印前准备" 打印前准备按钮，进行打印前准备，检查各类型特征 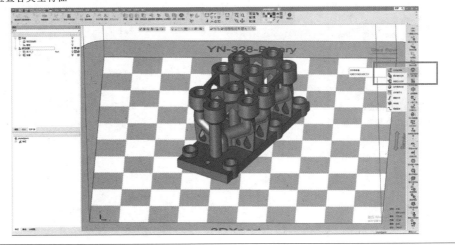 2. 在"打印可行性检查"对话框中，单击"检查"按钮，自动检查各类型特征的打印可行性  3. 单击右侧工具栏中的"3D打印分析工具"→"建立模拟分析" 建立模拟分析，建立模型分析 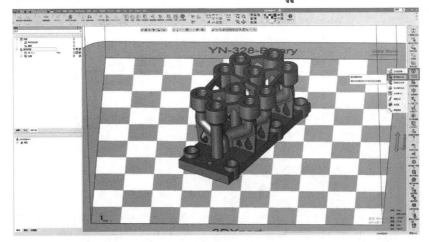

（续）

步骤名称	说明及图示
（五）打印前准备 （模型特征检查）	4. 在"构建模型参数"对话框中，单击"开始分析"按钮，系统会进行模型分析，存在问题的区域会变色显示，结果显示本模型一切正常 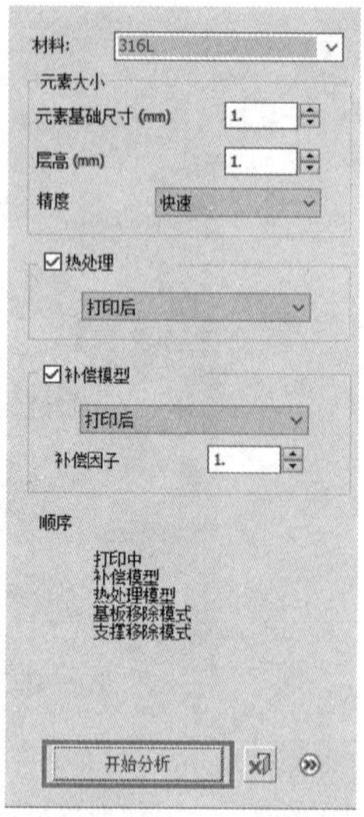 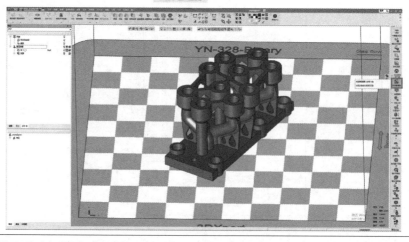
（六）支撑设计	1. 单击右侧工具栏中的"支撑管理器"  按钮，设置支撑管理器 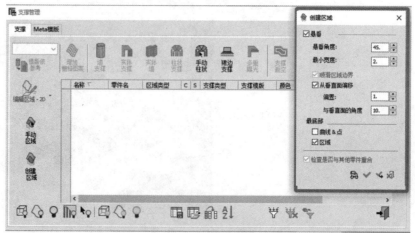 2. 设置"悬垂角度"为 45°，设置"最小宽度"为 2mm，设置"偏置"为 1mm，设置"与垂直面的角度"为 10°

（续）

步骤名称	说明及图示
（六）支撑设计	3. 按住鼠标中键显示轴测图，查看支撑区域。需要添加支撑的区域都会以黄色轮廓描绘显示  4. 单击"支撑"选项卡中的"区域 4"，再单击上方"实体支撑"按钮 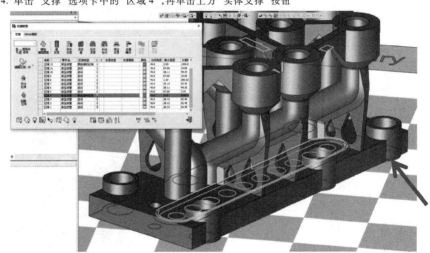 5. 在"实体支撑"对话框中进行参数设置：勾选"碎片化"，设置"X 间隔"为 10mm，设置"宽度"为 1mm，设置"角度"为 45°。碎片化的目的是确保支撑有间隔，防止应力集中 实体支撑 ✕ ☑ 碎片化 　X 间隔：10.　　角度：45.0 　Y 间隔：10.　　☑ 相同的X,Y 　宽度：1. 　忽略小碎片　1.　mm² ☐ 镶边 　⦿ 外部 　◯ 外部 + 内部　　半径：2. 穿透 / 间隙　0.05 倾斜 ⦿ 垂直 ◯ 倾斜&缩放 ◯ 放射倾斜　　比例：1.5 ◯ 自动倾斜

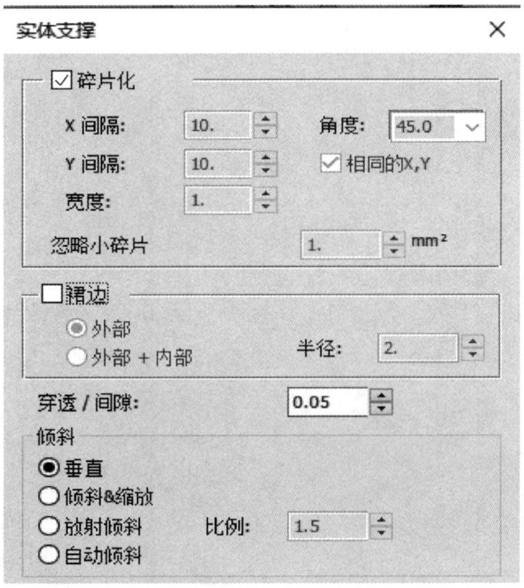

（续）

步骤名称	说明及图示
（六）支撑设计	6. 底面其余未添加支撑区域,在"支撑"选项卡中单击"模板依参考"按钮,参考上一步的实体支撑参数进行添加,单击"确定"按钮 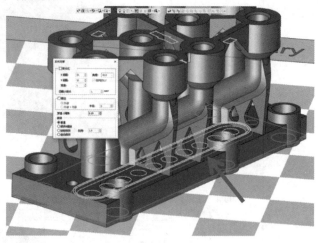 7. 单击"支撑管理"对话框中的"支撑"标签,在底面两实体中间支撑区域,单击上方"增加栅格图案"按钮 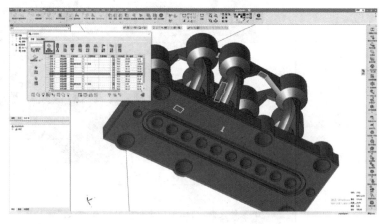 8. 在"增加栅格图案"对话框中进行参数设置:选择填充方式为"偏移填充",设置"X、Y偏置"为0,勾选"填充",选择填充类型为"Square Grid",设置"距离"为2mm,生成栅格图案,为添加墙支撑做准备 

（续）

步骤名称	说明及图示
（六）支撑设计	9. 选择上一步生成的栅格图案，单击"支撑"选项卡中的"墙支撑"按钮 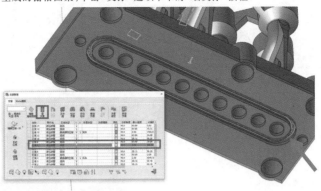 10. 在出现的"支撑创建-墙"对话框中进行支撑参数设置：在"材料厚度"栏中，选择"厚度"为"单激光轨迹"；在"齿"栏中，设置"齿距"为1.5mm，设置"齿宽"为0.35mm，设置"高度"为1.2mm，设置"穿透高度"为0.12mm，单击"确定"按钮 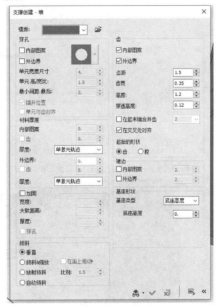 11. 选取悬空区域支撑轮廓  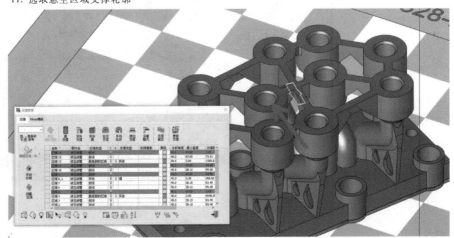

（续）

步骤名称	说明及图示
	12. 在"增加栅格图案"对话框中设置参数：选择填充方式为"偏移填充"，勾选"填充"，选择填充类型为"Honeycomb"，设置"距离"为2mm，单击"确定"按钮 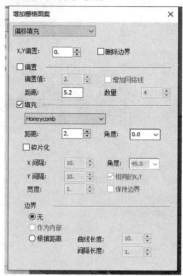
（六）支撑设计	13. 选择上一步生成的栅格图案，单击"支撑"选项卡中的"墙支撑"按钮 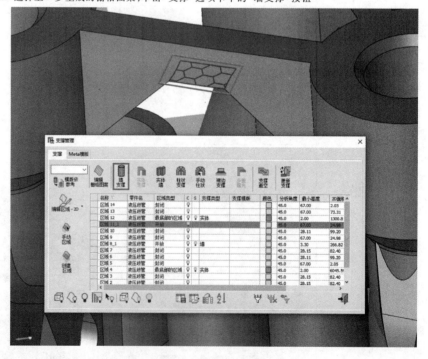

（续）

步骤名称	说明及图示
（六）支撑设计	14. 在出现的"支撑创建-墙"对话框中进行支撑参数设置:在"材料厚度"栏中,选择"厚度"为"单激光轨迹";在"齿"栏中,设置"齿距"为1.5mm,设置"齿宽"为0.35mm,设置"高度"为1.2mm,设置"穿透高度"为0.12mm,单击"确定"按钮 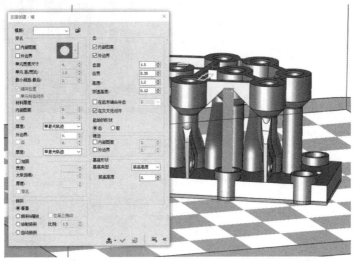 15. 选取中心悬空区域支撑轮廓,单击"支撑管理"对话框中的"支撑"标签,在"支撑"选项卡中,单击"柱状支撑"按钮 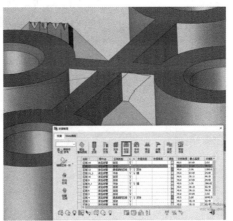 16. 在"创建支撑-柱状"对话框中设置柱状支撑参数:设置"X间隔"为2mm,设置"Y间隔"为2mm;在"尺寸"栏中设置"顶部直径"为1mm,勾选"锥形",设置"底部直径"为1.5mm,设置"圆柱周边段数"为15;勾选"球体接触点",设置"球/柱比例"为"1.5",选择"中心移位"为"+1/2";勾选"头部切除",设置"穿透/间隙"为0.12mm,单击"确定"按钮 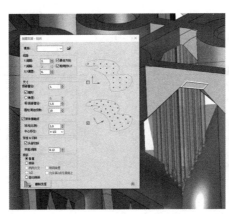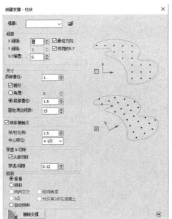

步骤名称	说明及图示
（六）支撑设计	17. 支撑加载完成后按住鼠标中键，旋转模型查看正视图、轴测图，确保支撑添加合理，没有遗漏 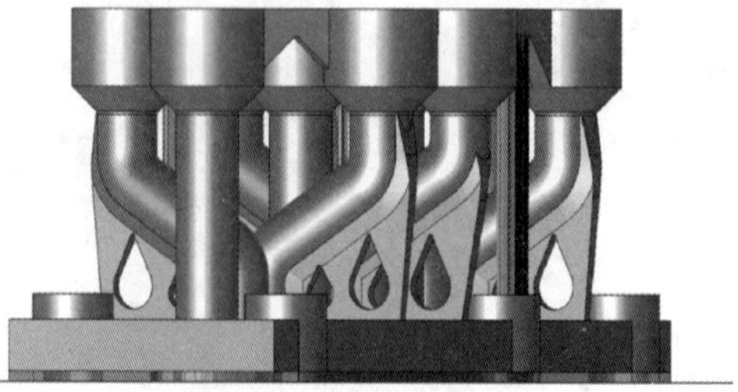 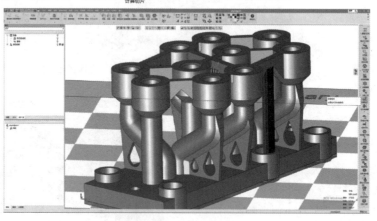
（七）参数设置	1. 分配工艺 1）单击右侧工具栏中的"计算切片" 按钮，打印策略名称可自主设定 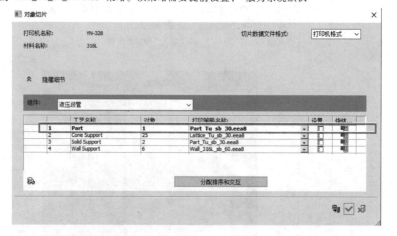 2）设置打印策略。在"对象切片"对话框中，选择"打印策略名称"：**打印策略名称：** 下方第一个下拉列表框中的"Part_Tu_sb_30.eea8"策略。该策略需要提前设置，一般为系统默认

（续）

步骤名称	说明及图示
	3）单击"Part_Tu_sb_30.eea8"打印策略后对应的"设置" 设置 按钮,进行打印策略参数设置 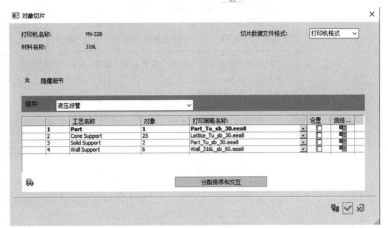
	4）Part打印策略"常规参数"设置:设置"层厚度"为30μm,设置"工艺之间,交错"为200μm,勾选"墙支撑运动-在相邻层中交替开始端和结束端""墙支撑运动-分割交叉的墙支撑",勾选"考虑气流方向",设置"要避开的夹角范围"为37°,设置"起始角度"为30°,设置"增量角度"为67°,勾选"下表面规则",设置"层数"为3,设置"角度大于"为10°、勾选"中间层规则"
（七）参数设置	5）Part打印策略"轮廓参数"设置: ①勾选"最终轮廓(C1)参数"设置"下表面"为80μm,设置"中间层"为80μm,勾选"尖部""进入""退出",设置"等长分割,最大长度"为20000μm,选择"方向指引"为"反转",选择"扫描顺序"为"连续" ②勾选"轮廓(C2)参数",设置"下表面"为160μm,设置"中间层"为160μm,勾选"尖部""进入""退出",设置"等长分割,最大长度"为20000μm,选择"方向指引"为"反转",选择"扫描顺序"为"连续"
	6）Part打印策略"填充轨迹参数":设置"下表面"为240μm,设置"中间层"为240μm,勾选"填充下表面区域-",在对应的下拉列表框中选择"条带",设置"步距"为100μm,设置"单元宽度"为8000μm,选择"单元边界"为"否",设置"偏置到中间层"为0,设置"交错到中间层"为0,选择"扫描顺序"为"连续",选择"填充方向"为"水平";勾选"填充中间层区域-",在对应的下拉列表框中选择"条带",设置"步距"为100μm,设置"单元宽度"为8000μm,选择"单元边界"为"否",选择"扫描顺序"为"连续",选择"填充方向"为"水平",单击"确定"按钮
	7）在"对象切片"对话框中,选择"打印策略名称": 打印策略名称: 下方第一个下拉列表框中的"Wall_316L_sb_60.eea8"策略 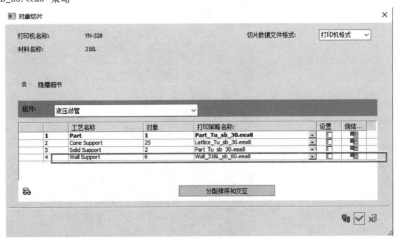

（续）

步骤名称	说明及图示
（七）参数设置	8）单击"Wall_316L_sb_60. eea8"打印策略后对应的"设置" 按钮，进行打印策略参数设置
	9）Wall Support 打印策略"常规参数"设置：设置"层厚度"为60μm，设置"工艺之间，交错"为200μm，勾选"墙支撑运动-在相邻层中交替开始端和结束端""墙支撑运动-分割交叉的墙支撑"，设置"要避开的夹角范围"为37°，设置"起始角度"为30°，设置"增量角度"为67°
	10）Wall Support 打印策略"轮廓参数"设置：勾选"最终轮廓（C1）参数"，设置"下表面"为60μm，设置"中间层"为9μm，勾选"尖部""进入""退出"，设置"等长分割，最大长度"为20000μm，选择"方向指引"为"反转"，选择"扫描顺序"为"连续"
	11）Wall Support 打印策略"填充轨迹参数"设置：无填充轨迹，不需要设置，单击"确定"按钮
	12）在"对象切片"对话框中，选择"打印策略名称"：**打印策略名称：** 下方第二个下拉列表框中的"Lattice_Tu_sb_30. eea8"策略
	13）单击"Lattice_Tu_sb_30. eea8"打印策略后对应的"设置" 按钮，进行打印策略参数设置
	14）Cone Support 打印策略"常规参数"设置：设置"层厚度"为30μm，设置"工艺之间，交错"为200μm，勾选"考虑气流方向"，设置"要避开的夹角范围"为30°，设置"起始角度"为15°，设置"增量角度"为67°，勾选"中间层规则" 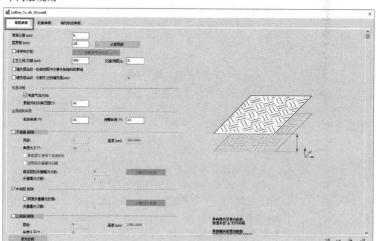
	15）Cone Support 打印策略"填充轨迹参数"设置：设置"中间层"为80μm，选择"填充中间层区域-"为"条带"，设置"步距"为100μm，设置"单元宽度"为8000μm，选择"单元边界"为"否"，选择"扫描顺序"为"连续"，选择"填充方向"为"水平"。无轮廓轨迹参数 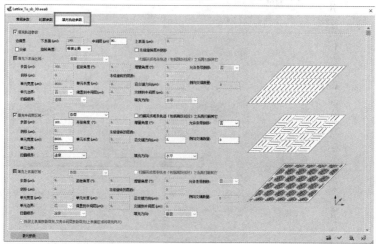

（续）

步骤名称	说明及图示
	2. 激光参数 单击工艺设计界面左下角"激光参数"按钮,弹出"激光参数"对话框 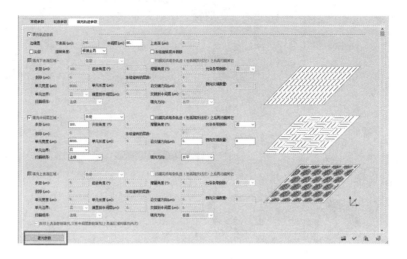
（七）参数设置	1）层厚度为30μm的零件在"激光参数"对话框中"下"表面的参数设置:单击"C1",在"参数"栏中,设置"Laser Power"为220W,设置"Mark Speed"为1200mm/s;单击"C2"在"参数"栏中,设置"Laser Power"为220W,设置"Mark Speed"为1200mm/s;单击"填充",在"参数"栏中设置"Laser Power"为240W,设置"Mark Speed"为1200mm/s 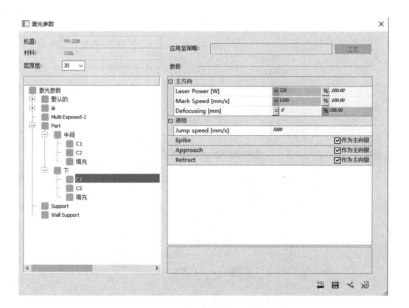

（续）

步骤名称	说明及图示
（七）参数设置	2）层厚度为 $30\mu m$ 的零件在"激光参数"对话框中"中间"层的参数设置：单击"C1"，在"参数"栏中，设置"Laser Power"为 220W，设置"Mark Speed"为 1200mm/s；单击"C2"，在"参数"栏中设置"Laser Power"为 220W，设置"Mark Speed"为 1200mm/s；单击"填充"，在"参数"栏中设置"Laser Power"为 240W，设置"Mark Speed"为 1200mm/s  3）单击"应用至策略"后对应的"工艺"按钮，在弹出的"工艺编码"对话框中，勾选"0：Part""1：Part Fine""2：Part Rough""3：Part2""4：Machining Offset""5：Lattice""6：Part3""11：Solid Support""13：Lattice Support""14：Cone Support"选项，单击"确定"按钮 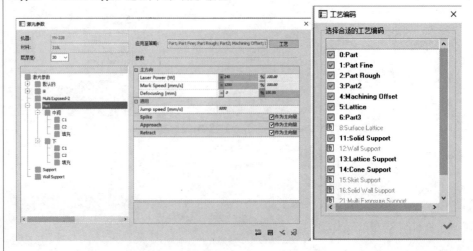

（续）

步骤名称	说明及图示
（七）参数设置	4）层厚度为 60μm 的墙支撑在"激光参数"对话框中"wall support"的参数设置：在"参数"栏中，设置"Laser Power"为 220W，设置"Mark Speed"为 800mm/s 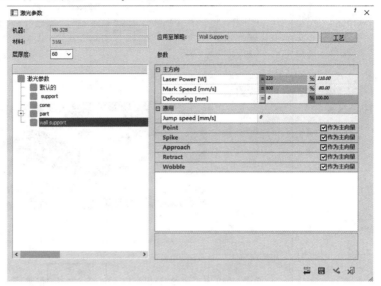 5）单击"应用至策略"后对应的"工艺"按钮，在弹出的"工艺编码"对话框中，勾选"12：Wall Support"选项，单击"确定"按钮 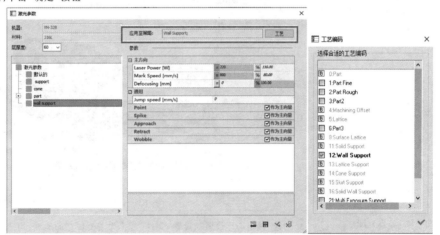
（八）计算切片	单击"确定"按钮，进行切片处理。这个过程依照零件的复杂程度，处理时间并不同，本案例大约耗时 0.4h 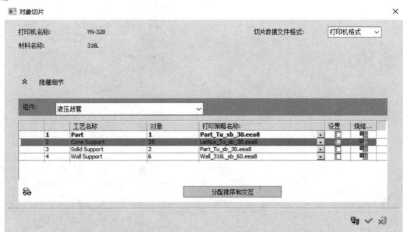

（续）

步骤名称	说明及图示
（九）仿真观察	单击右侧工具栏中的"切片查看器" 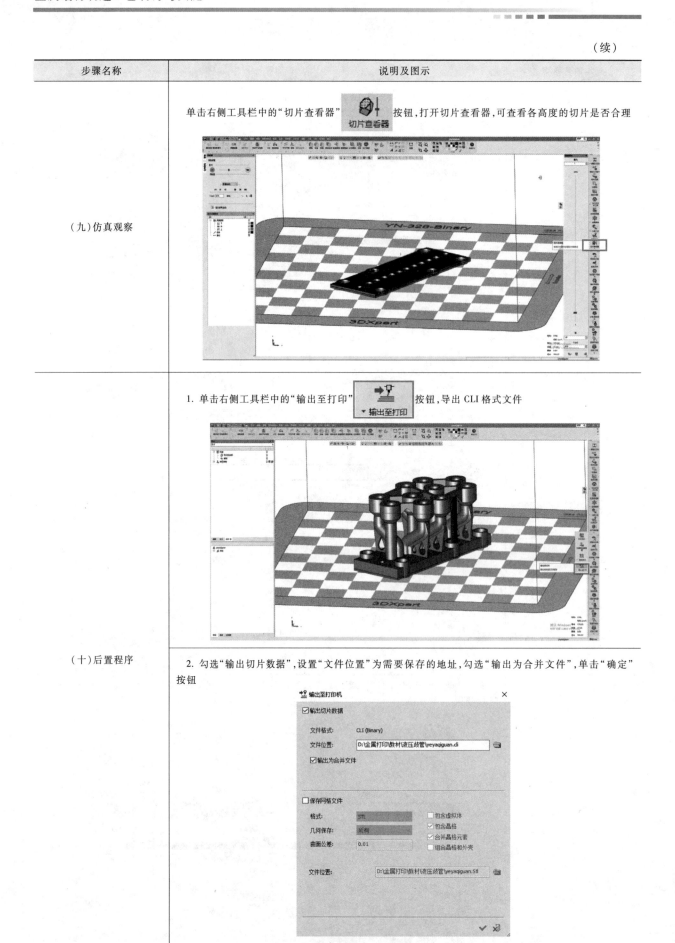 按钮,打开切片查看器,可查看各高度的切片是否合理
（十）后置程序	1. 单击右侧工具栏中的"输出至打印" 按钮,导出 CLI 格式文件 2. 勾选"输出切片数据",设置"文件位置"为需要保存的地址,勾选"输出为合并文件",单击"确定"按钮

任务三 实施打印与控制

任务学习目标：

1. 能将打印程序快速传输到增材制造设备中。
2. 能掌握 YLM-328 型金属打印机打印液压歧管的基本操作。
3. 能合理地配备打印粉末，熟练添加或回收粉末。
4. 能熟练掌握增材制造设备基本调试操作，包括刮刀、工作台等合理间隙的设置。
5. 能有效监控打印过程，并采取合理的处置措施。

【金属打印安全操作规程】

本项目采用设备为 YLM-328 型金属打印机，与前述项目设备有所区别，故在项目一所列安全操作规程的基础上加以补充说明。

1. 操作人员注意事项

1）操作设备前必须进行一定的培训，未经培训或培训不合格者严禁操作设备。

2）严格按照操作规范进行操作，因违规操作产生的任何后果，设备厂商不承担任何责任。

3）禁止在打印时拆卸设备的任何组件。

4）禁止在打印时打开设备成形仓仓门。

5）非专业的维护人员，禁止任何形式的检修或调试激光系统和控制系统。

6）操作人员须佩戴防护眼镜、防尘面罩，穿防护服。

2. 粉末安全

选用市场上正规厂家的产品，建议粉末粒度在 15～53μm 之间。粉末的相关操作中要遵循以下原则：

1）确保车间通风良好。

2）不得让金属粉末形成尘云。

3）在粉末附近禁止吸烟或点燃任何材料。

4）在配粉、筛粉、装粉过程中，佩戴适合粉尘密度的防粉尘口罩和防护眼镜。

5）将易燃的液体存放到远离粉末的地方。

6）盛放粉末的容器，不用时需要保持紧闭。

7）把零件从成形仓移出后，待粉末稍微冷却后进行清理。

8）最好配备全接地的防爆吸尘器。

液压歧管打印过程视频

【打印过程】

金属 3D 打印操作步骤说明及图示见表 3-3-1。

表 3-3-1 金属 3D 打印操作步骤说明及图示

操作步骤	说明及图示
（一）打印前检查与确认	1. 操作前穿好防护服,戴口罩(里面为普通口罩,外面为防毒口罩)、一次性手套、防静电手环,并整理好袖口

（续）

操作步骤	说明及图示
（一）打印前检查与确认	2. 在前面切片环节已经通过模型和材料规格完成了对设备型号的选择。在本环节打印前仍需要再次确认设备规格型号，本次打印模型尺寸为155mm×60mm×70mm，材料为316L，因此采用YLM-328型金属打印机进行打印，设备技术规格见下表：  3. 现场对打印设备进行打印前的检查与确认，包括冷水机循环水位是否处于安全高度值；设备所在车间的环境温度保持在(25±5)℃，湿度小于75%。冷水机的作用是为激光和光学系统保持稳定温度，确保顺利完成本次打印任务。冷却水需采用纯净水，可以使用饮用纯净水。为防止冷却水中霉菌生长导致管路堵塞，建议在加注纯净水时添加乙醇，乙醇的体积比不小于10%。每半个月确认一次温度和水位是否正常。每两个月更换一次冷却液 

设备技术规格表：

设备尺寸	1950mm×1166mm×2450mm
成形仓尺寸	492mm×650mm×410mm
成形底板尺寸	300mm×300mm×328mm
电源	220V,16A,50Hz
数据连接	标准网络连接
冷却水连接	冷水机装置
气体连接	气瓶装置（氩气或氮气）
气体纯度	99.99%

（续）

操作步骤	说明及图示
（二）启动设备	1. 首先打开电源总开关,让所有设备通电。接着打开冷水机电源开关,确保冷水机处于制冷状态。打开循环过滤器电源开关,确保风机正常运转。打开金属打印机电源开关。总之,设备开机前,先开冷水机 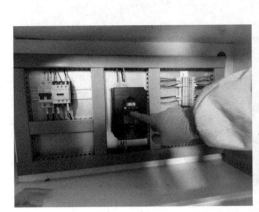 2. 启动金属打印机内置计算机,打开配套操作软件 
（三）预制惰性气体	1. 打印过程中需要不断地往成形仓内部充入惰性气体,以此来保证打印层不被氧化。由于材料不同,需要的惰性气体也不相同。316L 粉末可以用氮气作为保护气体。制氮机在起动之前需要先起动空气压缩机,并保证压缩气压为 0.5~0.8MPa 

操作步骤	说明及图示
（三）预制惰性气体	2. 根据要求,按顺序按下开关运行制氮机,制氮机运行后需要一定的时间,氮气纯度才能达到 99.99%,之后方可进行打印操作 
（四）打印前清理	1. 打印前要先完成对设备粉末的清理工作,应该按照从上而下、从里到外的顺序进行。首先进行成形缸内粉末的清理(各个缸室的清理都包括扫、吸、擦三步)。用刷子清理仓内粉末时,用吸尘器吸取飘扬起来的粉末  2. 进行粉末缸内的粉末清理,以及整个成形仓内部的粉末清理工作,包括各构件、传动机构、各部位死角清理等 

（续）

操作步骤	说明及图示
（四）打印前清理	3. 清理完成形仓内粉末后,需要用无尘布蘸酒精擦拭扫描振镜保护镜,擦拭的手法为由里向外,顺时针方向螺旋擦拭。每次打印都要擦拭保护镜头 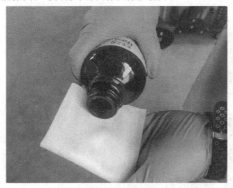 4. 最后进行周围环境清理工作 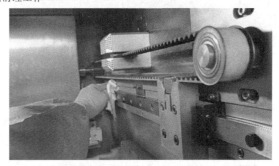
（五）配置粉末材料	1. 打印前要提前完成粉末的配置,二次使用的粉末必须进行筛粉与过滤。二次使用的粉末在使用前需要达到一定的混合比例,一般都要加入 1/3 新粉,保证粉末的粒度和纯度。该项操作也是打印成功的必要保障  2. 新粉和二次使用的粉末都需要烘干,并且保证干燥度在 98% 以上。粉末的干燥度影响着粉末的流动性,粉末流动性的好坏决定落粉或铺粉的效果,最终都将影响打印成败 

操作步骤	说明及图示
（六）添加粉末	1. 把配置好的粉末先灌装到加粉筒，利用到的工具有铲子、漏斗等，灌装粉末时一定要穿戴必要的防护用具，如静电衣、防尘面具、防静电手环等 2. 利用加粉筒把设备的粉末缸加满。加粉时需要把所有接口关闭，安装到位后再打开，方便落粉   
（七）更换、调平成形底板	1. 根据打印材料不同，选择相应成形底板材料。本项目打印粉末为316L粉末，选择的成形底板材料为45钢或不锈钢 2. 安装成形底板时，手处于收粉口位置，防止砸伤手，用螺钉固定成形底板。固定前需要将成形底板和成形仓底面调平，如成形底板的平面度不高，可以在成形底板下面垫高垫片   3. 调平后，利用内六角扳手通过螺母固定，把成形底板安装在成形缸底部，和成形缸底面平齐 

（续）

操作步骤	说明及图示
（七）更换、调平 成形底板	4. 固定后,使成形底板向上移动1mm,保证激光焦距位置最佳。因为调整焦距位置是在成形仓平面上方1mm处调整的,所以成形底板上方1mm处为最佳焦距 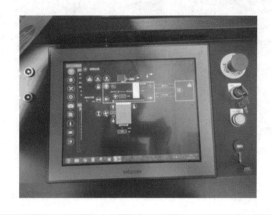
（八）更换刮条、 调整刮刀	1. 利用扳手将整个刮刀全部拆下,清理刮刀上的残留粉末和杂质  2. 用剪刀裁剪汽车刮水器的刮条,裁剪要均匀,大小合适 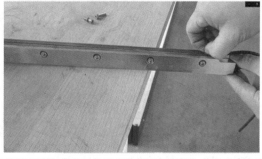 3. 将裁剪好的刮条安装到刮刀下部,观察刮条是否垂直于锁紧端面,若不垂直要进行调整,最后锁紧螺母使其牢固 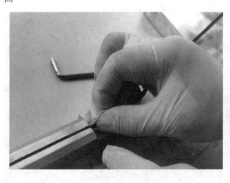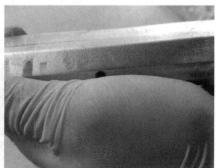

（续）

操作步骤	说明及图示
（八）更换刮条、调整刮刀	4. 将刮刀装回到设备相应位置，并配合塞尺，调节左、右升降螺母控制刮条相对于成形底板的位置，使左、右间隙合适（0.03mm 左右） 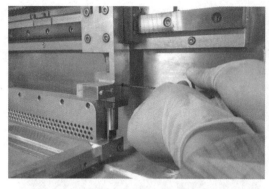
（九）铺粉、调整成形底板	1. 通过操作控制系统，完成刮刀撞粉、粉筒落粉和刮刀前后摆动参数设置，使落粉粉量合适，使刮刀前后摆动范围合适 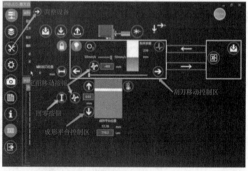 2. 仔细观察粉层厚度与均匀程度，通过调节螺母调节刮刀和成形底板高度，要确保铺粉薄而略透，完成初次铺粉调节工作。（注意用 M3 内六角螺栓锁紧左、右升降微调螺母） 
（十）设备预环境	1. 完成首层铺粉后，用无尘布蘸酒精擦拭振镜保护镜，擦拭的手法为由里向外，顺时针方向螺旋擦拭。然后关闭成形仓门 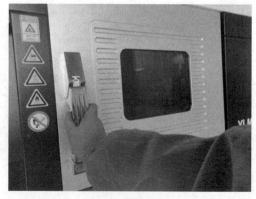

（续）

操作步骤	说明及图示
（十）设备预环境	2. 打开惰性气体电磁阀,打开设备洗气阀,充入惰性气体,降低氧含量。当成形仓内氧含量达到 0.5% 以下时可以开始打印  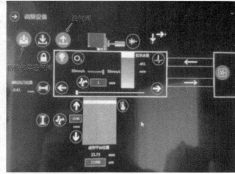 3. 进行成形底板加热,设置成形底板温度为 65° 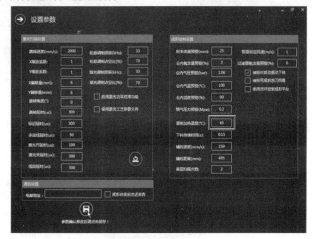
（十一）导入模型 打印程序	1. 在导入界面选择后缀为 CLI 格式的文件 2. 通过预览查看,检查程序和首层的路线轨迹 3. 查看当前成形层和预计打印时间等 

操作步骤	说明及图示
（十二）运行程序	1. 检查各运行环境参数,包括室内氧含量、粉末余量、成形底板温度、风机状态、水冷机状态、过滤系统状态等 2. 确认以上参数均在正常范围内,可开始成形打印 
（十三）过程控制	1. 检查铺粉效果,查看整个成形底板的铺粉情况,至少需要保证整个成形底板铺粉正常,没有缺粉情况(由于下面有 2~3mm 的实体支撑,初始层可以酌情考虑)  2. 检查顶粉口的顶粉量,既不能太少,又不能太多,太少可能影响成形区域铺粉效果,太多可能会浪费粉末,可通过修改刮刀行程调节撞粉量,从而控制出粉量 

（续）

操作步骤	说明及图示
（十三）过程控制	3. 检查风场方向和排尘效果，首先保证排风和吸尘方向正确。其次保证扬尘能落到非打印区域或直接吸走  4. 检查扫描区域有无打印异样，是否存在激光功率不足、支撑强度不足或过烧情况 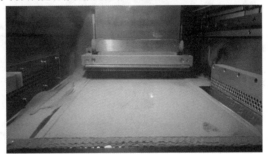
（十四）打印完成	1. 打印完成后，界面显示打印完成  2. 关闭循环过滤器，关闭保护气体阀门 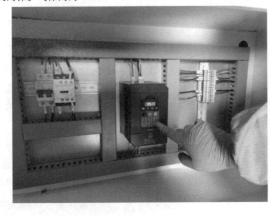

（续）

操作步骤	说明及图示
（十五）清粉取件	1. 打印结束后,为保证成形仓内、外温度及气压的逐渐平衡,最好静待一段时间后,再缓慢打开仓门  2. 手动模式移动成形底板升出成形缸  3. 用毛刷清理粉末,把多余粉末扫进集粉瓶内,用吸尘器对残余粉末进行最后清理  4. 用皮吹子(手风器)清理沉孔里的粉末,拆除成形底板  

（续）

操作步骤	说明及图示
（十六）粉末回收及关机	1. 打开集粉瓶柜，取出前、后集粉瓶，对回收粉末进行筛分和存储  2. 关机前先关闭系统软件，再关闭内置计算机，最后关闭打印设备  3. 关闭金属打印机电源开关、冷水机电源开关、循环过滤器电源开关、制氮机电源开关、空气压缩机电源开关，最后关闭电源总开关，使所有设备断电 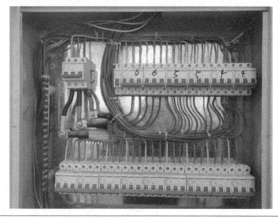

（十七）设备维护保养

维护项目	维护周期	维护方法
（洗气）滤芯	1周	两人协同打开滤芯筒，进行更换，确保良好密封和注意火灾隐患
成形仓密封性	6个月	可向仓内通气检测，如有漏气，更换密封圈
滚动导轨润滑	1周	去除灰尘，添加润滑油
设备电机	3个月	如有异响或异常振动，及时维修或更换
T型同步带	6个月	如有松动及时张紧或更换，观察刮板运动情况，如有速度变缓或不动，及时更换同步带
刮粉机构旋转密封轴承	6个月	经常观察刮板运动情况，如有速度变缓或不动，及时检查轴承

◎知识加油站——SLM 激光选区熔化打印的相关注意问题

1. 金属打印支撑产生的情况分析

一般与水平夹角小于 45°的悬伸部位需要添加支撑结构，这一部分表面的表面粗糙度值通常会比垂直壁面和上表面的粗糙度值更大。原因是下方粉末导热差，熔池冷却速度变慢，导致下方粉末局部烧结，这部分烧结的粉末会粘在零件表面。这时零件摆放就显得尤为重要，它不仅能使制件性能优化，甚至可以决定打印的成败。当零件有多种摆放方式可选时，应选择最优的位置合理摆放。同一零件的不同摆放方式，如图 3-3-1 所示。

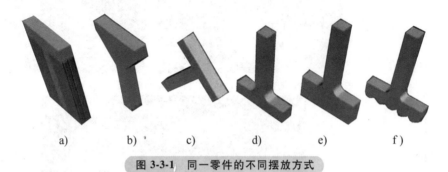

a) b) c) d) e) f)

图 3-3-1　同一零件的不同摆放方式

图 3-3-1 中从左起：

a. 大悬臂摆放，这种摆放需要大量的支撑材料。

b. 修改设计，添加额外的锥形以减少支撑，会导致零件质量增加，可能需要后处理加工。

c. 倾斜 45°摆放，除了一个局部最低点外，大部分采用零件自身支撑，表面和上表面的表面粗糙度值将有较大差异。

d. 倒置摆放，底面采用短支撑，加工时间缩短，但后期需要对支撑面进行精加工。

e. 紧密附着在成形底板上，留出适合线切割移除的毛坯余量，残余应力可能会比较大。

f. 与前一种方式相似，但增加了波浪式设计结构，其打印附着区域较少，减少了应力累积。单从制造角度来看，这可能是最高效的设计。

所以，零件打印时，首先确定零件摆放方位，然后在此基础上对零件进行切片工艺设计。

2. 零件在成形仓的摆放技巧

1）将零件放置到合适的方位，可以减少或者消除因为刮刀引起的打印失败。例如，通过改变摆放角度、方向或者增加壁厚和局部宽度来规避碰撞，这样可以改善结构稳定性和降低零件受压力的敏感性。

2）不要把零件的最长边与刮刀平行放置。通过将零件的 Z 轴旋转 5°~45°，就可以避免刮刀与零件的长且平直的侧边接触，因此，特别建议让刮刀首先从零件的短边（接触边小）开始铺粉，这样可以有效抑制刮刀的挤压力突增，也能更好地保证薄壁结构特征的完整性，如图 3-3-2 所示。

3）建议将零件错开位置放置。如果零件出现翘曲或者损伤，刮刀在往复铺粉过程中也会损伤，最后的结果是导致后续零件因碰撞也会产生刮痕。所以，当摆放多个零件时，尽可能将零件沿着铺粉方向进行空间错位放置，如图 3-3-3 所示。

3. 增材打印过程中零件摆放考虑的主要原则

1）确保一次性打印成功是首要考量。

2）摆放方向与残余应力和表面粗糙度值都有重大关系。

3）摆放方向对加工成本和加工时间有重大关系。

4）复杂结构零件的摆放很难完全兼顾支撑、表面粗糙度值、加工时间、成本及细节，只能有所侧重、取舍。

5）尽量不要依靠盲目添加支撑来克服摆放所产生的问题，这种浪费在批量生产中尤其难以接受。

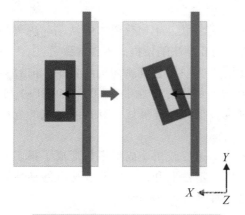

图 3-3-2　打印零件时旋转适当角度

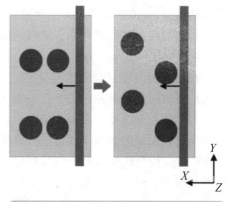

图 3-3-3　打印多个零件时错开位置放置

任务四　后处理与检测

任务学习目标：

1. 了解金属打印后处理的常见工艺特点。
2. 能使用退火炉完成去应力退火操作。
3. 能掌握基本的线切割操作，完成制件的切割。
4. 能掌握数控铣床的基本操作，合理装夹进行平面加工。
5. 能掌握数控铣床的简单槽加工及孔加工。

液压歧管后
处理视频

【后处理工艺路线】

本项目产品液压歧管已完成增材制造，后处理主要针对尺寸公差和几何公差要求高的结构部位进行减材处理，也包括其他一些辅助工艺，结合任务一当中的工艺分析情况，在保证满足客户图样要求和该产品使用要求的前提下，特制订以下工艺路线，如图 3-4-1 所示。

去应力退火　⇒　线切割加工　⇒　喷砂处理　⇒　铣削加工　⇒　攻螺纹

图 3-4-1　工艺路线

【去应力退火】

本工序的主要内容是正确使用退火炉对液压歧管进行去应力退火，去应力退火的加热温度不能引起相变，目的只是为了消除增材制造中产生的内应力，减小变形开裂倾向。本零件材料为 316L 不锈钢，零件整体壁厚都在 1~10mm 范围内，与可防止加热变形的成形底板一体加热，综合考量各因素，制订工艺如下：

1）将液压歧管零件平置放入加热炉内，抽真空。
2）升温。以 50~150℃/min 的升温速率从室温升至 700~750℃。
3）保温。在 700~750℃保温 1.5h。
4）随炉冷却缓冷。至 200℃后空冷至室温。
具体操作步骤可参见项目一所列相关内容。

◎知识加油站——热等静压热处理技术

3D 打印生产的零件并不是完美无瑕的，里面经常会伴随着气孔、未熔化粉末等缺陷。热等静压技术作为一种特殊的高端热处理技术，能够消除金属零件内部的孔洞缺陷，提高零件的致密度。

热等静压（Hot Isostatic Pressing，HIP）技术工作原理是将零件放置到密闭的容器中，向容器内充惰性气体，在很高的温度（通常接近材料的锻造温度）和很高的压力（通常在 100~140MPa）下，使零件得以烧结或致密化。其原理是，在高温下金属材料强度极低、塑性极好，有孔洞区域的金属受到外界气体压力的作用发生塑性变形和熔合，使孔洞消失。

热等静压可以明显改善力学性能。SLM 工艺成形过程冷却速度较快，成形零件形成了很多的马氏体组织，HIP 退火后马氏体分解，引起材料的强度硬度下降，塑性上升，可以改善材料的韧性和抗疲劳裂纹扩展的能力。热等静压后零件材料组织的改善对比，如图 3-4-2 所示。

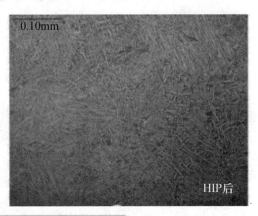

图 3-4-2　热等静压后零件材料组织的改善对比

热等静压并不是对任何材料和任何缺陷的消除都有很好的效果，并且热等静压工艺设置不当也会造成很严重的后果，因此使用热等静压时需注意以下事项：

1）对开放性缺陷，热等静压起不到任何消除缺陷的作用。

2）当零件内存在较大缺陷（超过 2mm）时，会在零件表面形成凹坑。当凹坑出现在无法进行焊接修复的位置时，可能会造成零件报废，如一些薄壁零件。

3）对裂纹和夹杂物缺陷的消除没有任何作用。

4）热等静压可能会造成零件表面氧化，最好在精加工之前进行。

5）热等静压可能会造成零件严重变形，因此一定要考虑防止变形的措施。

6）工艺温度和压力设置不当可能会造成零件晶粒严重粗大，导致力学性能严重下降，使零件报废。

7）对于合金元素熔点差异较大的合金可能会造成低熔点化学元素烧损。

8）对于共晶合金不适用，容易形成液化裂纹。

【线切割加工】

本工序的主要内容是运用线切割机床，通过简单的直线切割路径，完成液压歧管与成形底板的分离。线切割加工操作步骤说明及图示见表 3-4-1。

表 3-4-1　线切割加工操作步骤说明及图示

操作步骤	说明及图示
（一）线割前检查与确认	1. 机床开始工作前要有预热，认真检查润滑系统工作是否正常，如机床长时间未开动，可先采用手动方式向各部分供油润滑 2. 认真检查丝筒运动机构、切削液系统是否正常，若发现异常要及时报修

（续）

操作步骤	说明及图示
（二）设备开机	1. 打开设备总开关 2. 打开系统控制面板,完成系统自检 3. 试启动切削液泵,检查切削液供给系统是否正常 4. 试启动丝筒,检查丝筒行程往返是否正常 5. 一切正常后,开始装夹工件
（三）工件装夹	1. 以成形底板作为基准进行装夹 2. 可以将成形底板竖起固定,采用磁力表座进行装夹,以夹具定位基准保证成形底板面与工作台面相互垂直  3. 还要结合切割部位和切割方向进行考虑,保证成形底板面与切割方向平行,可采用百分表找正
（四）程序编制	1. 切割路径以紧贴成形底板面,但又不能切削到成形底板为准(打印支撑高度留余量 2mm) 2. 切割路径为一条直线,直线长度大于液压歧管最大宽度即可 3. 在线切割绘图界面绘制一条 X 方向的直线,长度大约 260mm 4. 绘图后单击"执行 1"按钮,选择补偿值"F0"即可进入编程界面,单击"2 钼丝轨迹"按钮自动设置切割程序起、终点,生成程序并单击"8 后置"按钮命名保存 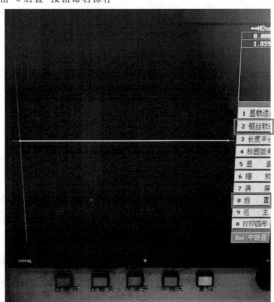

（续）

操作步骤	说明及图示
（四）程序编制	5. 单击"9 返主"→"加工"，在弹出的"加工"界面，调取程序，可进行模拟检查 6. 设置合适的电加工参数：单击"D 其他参数"→"8 高频组号和参数"→"3 送高频的参数"→"0"，按<Enter>键。电极得电后电压表有显示，为钼丝对刀做好了准备
（五）对刀操作	由于本切割操作目的在于卸取制件，因此对刀操作可采用标准的放电接触对刀法，也可以采用目测法，将钼丝移动至理想的加工起点，随时准备加工 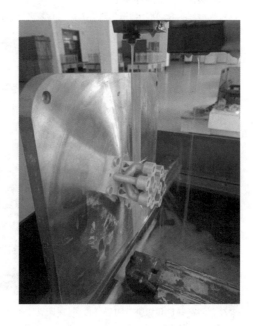
（六）执行线切割	1. 按下运丝电源开关，让电极丝滚筒（丝筒）空转，检查电极丝抖动情况和松紧程度，若电极丝过松，则用张紧轮均匀用力紧丝 　2. 打开水泵时，先把调节阀调至关闭状态，然后逐渐开启，调节至上、下喷水柱包容电极丝，水柱射向切割区 　3. 接通脉冲电源，用户应根据对切割效率、精度、表面粗糙度值的要求，选择最佳的电参数方案 　4. 单击"切割"按钮，进入加工状态。观察电流表在切割过程中，指针是否稳定，切忌短路 　5. 整个加工过程要随时巡视，观察水、丝、电等运转是否正常，发现问题要随时停止，进行检查维护 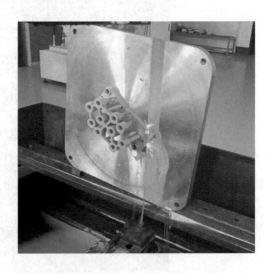

（续）

操作步骤	说明及图示
（七）加工完成	加工结束后,系统会自动关闭水泵电动机和运丝电动机,要防止零件自然坠落,损伤零件或机床 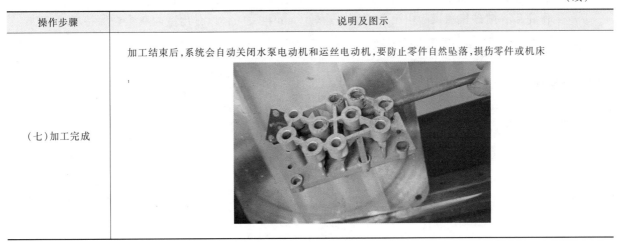

【喷砂处理】

一、喷砂处理工艺简介

喷砂处理是一种零件表面处理工艺，采用压缩空气为动力，以形成高速喷射束将砂料高速喷射到需处理的工件表面。喷砂处理的原理如图 3-4-3 所示。由于砂料对零件表面的冲击和切削作用，使零件的表面获得一定的清洁度和一致的表面粗糙度，也使零件表面的力学性能得到改善，可提高零件的抗疲劳性能。喷砂机的外观如图 3-4-4 所示。

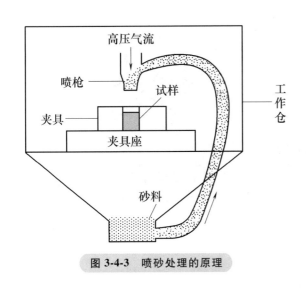

图 3-4-3　喷砂处理的原理

图 3-4-4　喷砂机的外观

二、喷砂机安全操作规程

1）喷砂机的储气罐、压力表、安全阀要定期校验。储气罐两周排放一次灰尘，砂罐里的过滤器每月检查一次。

2）检查喷砂机通风管及喷砂机门是否密封。工作前 5min，须开动通风除尘设备，通风除尘设备失效时，禁止喷砂机工作。

3）工作前必须穿戴好防护用具，不准操作人员赤裸臂膀操作喷砂机。

4）喷砂机压缩空气阀要缓慢打开，气压不准超过 0.8MPa。

5）喷砂粒度应与工作要求相适应，且砂料应保持干燥。

6）喷砂机工作时，禁止无关人员接近。清扫和调整运转部位时，应停机进行。

7）工作完后，喷砂机通风除尘设备应继续运转 5min 再关闭，以排出室内灰尘，保持场地清洁。

三、喷砂处理过程

喷砂处理操作步骤说明及图示见表 3-4-2。

表 3-4-2　喷砂处理操作步骤说明及图示

操作步骤	说明及图示
（一）喷砂前准备	1. 检查电源及开关是否正常 2. 检查气源压力是否正常，并打开开关准备 3. 检查砂料是否合格，是否需要添加或更换
（二）打开仓门，放入零件	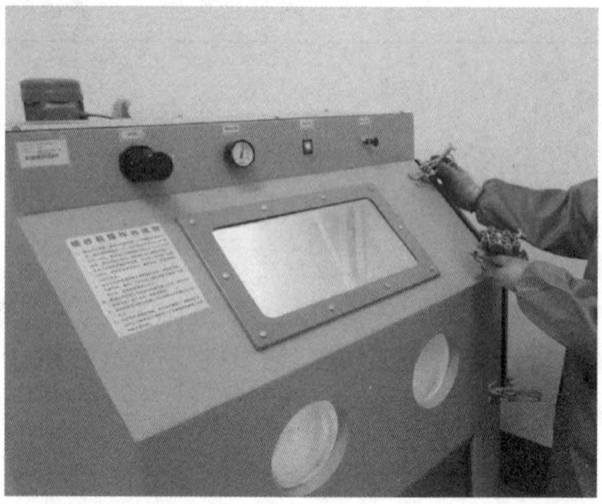 
（三）锁紧仓门，戴好密封手套，进行喷砂	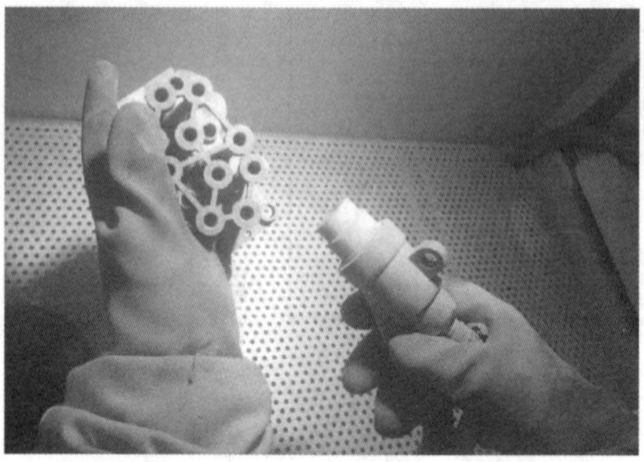
（四）重点部位重点喷砂，保持喷砂效果均匀，完成后取出零件	

【铣削加工、攻螺纹】

一、数控铣床简介

数控铣床是在一般铣床的基础上发展起来的一种自动加工设备，两者的加工工艺基本相同，结构也有些相似，但采用数控铣削加工能有效提高生产率、减轻劳动强度。数控铣床分为不带刀库和带刀库两大类，其中带刀库的数控铣床又称为加工中心。数控铣床按结构主要可分为立式、卧式、龙门式三种类型，其中立式数控铣床应用最为广泛，如图 3-4-5 所示。

图 3-4-5　立式数控铣床

二、数控铣床安全操作规程

1. 安全操作

1）工作时请穿好工作服、安全鞋，戴好工作帽及防护镜。注意：不允许戴手套操作数控铣床，女生需要将长发盘起掖入帽内。

2）不要移动或损坏安装在数控铣床上的警示标牌。

3）注意不要在数控铣床周围放置障碍物，工作空间应足够大。

4）不允许采用压缩空气清洗数控铣床、电气柜及 NC 单元。

2. 工作前的准备工作

1）工作前要预热数控铣床，认真检查润滑系统工作是否正常，如数控铣床长时间未开动，可先采用手动方式向各部分供油润滑。

2）使用的刀具应与数控铣床允许的规格相符，有严重破损的刀具要及时更换。

3）调整刀具所用的工具不要遗忘在数控铣床内。

3. 工作过程中

1）禁止用手接触刀尖和切屑，切屑必须要用铁钩子或毛刷来清理。

2）禁止用手或其他任何方式接触正在旋转的主轴、工件或其他运动部位。

3）禁止加工过程中测量、变速、清扫铣床。

4）打开数控铣床电气柜上的电源总开关，按下数控铣床控制面板上的<ON>键，启动数控系统。

5）手动返回数控铣床参考点。首先返回 Z 轴，然后返回 X 轴和 Y 轴。

6）手动操作时，在 X、Y 轴移动前，必须使 Z 轴抬起处于安全位置，以免撞刀。

7）数控铣床出现报警信号时，要根据报警信号查找原因，及时排除警报。

8）更换刀具时应注意抓稳刀柄，装入刀具时应将刀柄擦拭干净。

9）在自动运行程序前，必须认真检查程序，可进行模拟，确保程序正确。

10）在操作过程中必须集中注意力，谨慎操作。一旦发生问题，及时按下复位按钮或紧急停止按钮。

11）在加工过程中，不允许打开数控铣床防护门。

4. 工作完成后

1）清除切屑、擦拭数控铣床，使数控铣床与周围环境保持清洁。

2）检查润滑油、切削液的状态，根据需要及时添加或更换。

3）依次关掉数控铣床控制面板上的电源开关和数控铣床背侧总电源。

三、数控铣削加工过程

本工序的主要内容是通过铣削加工完成液压歧管底部平面加工和顶面螺纹的加工。铣削加工操作步骤说明及图示见表 3-4-3。

表 3-4-3　铣削加工操作步骤说明及图示

操作步骤	说明及图示
（一）加工前检查与确认	1. 检查 CNC 电箱 2. 检查操作面板及 CRT 单元 3. 检查数控铣床限位开关 
（二）铣床启动	1. 启动前确认急停开关处于"按下"状态,可避免浪涌电流冲击 2. 打开铣床总开关,等待数控系统自检完成 3. 选择回零模式,先返回 Z 轴,再返回 X、Y 轴 
（三）零件第一次装夹	液压歧管的第一次装夹,以顶面为基准定位,底面朝上 

（续）

操作步骤	说明及图示
（四）铣削底面	采用面铣刀，先试铣削，然后根据测量高度值，调整铣削深度，直至高度合适 
（五）以底面为基准进行 X、Y 向对刀	1. 对刀前先清理底面毛刺  2. 采用寻边器进行对刀操作 
（六）以底面为基准 Z 向对刀	1. 更换 ϕ3mm 立铣刀，并进行 Z 向对刀 

操作步骤	说明及图示
（六）以底面为基准 Z 向对刀	2. 采用厚度为 10mm 的隔离块，表面与零件零点对齐，上表面与刀尖对齐，可通过手轮微调，反复试接触，直至对齐  3. 将对齐位置的机械坐标值录入刀补存储器中，同时调整磨损为 -10mm（即隔离块厚度） 
（七）编辑密封槽铣削程序	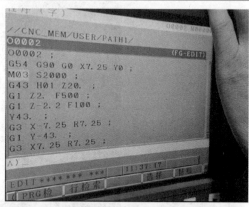 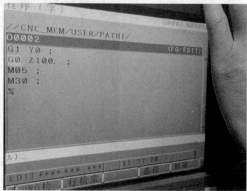

（续）

操作步骤	说明及图示
（八）验证程序	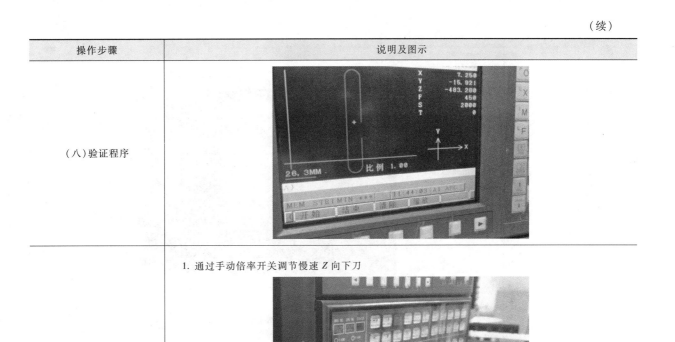
（九）执行密封槽加工	1. 通过手动倍率开关调节慢速 Z 向下刀  2. Z 向切入后，开始铣削密封槽 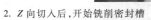
（十）检验密封槽尺寸	密封槽检验合格后，松开台虎钳，进行后续加工
（十一）进行零件第二次装夹	以刚加工过的底面为精基准（注意清理毛刺），第二次装夹零件 

（续）

操作步骤	说明及图示
（十二）编写螺纹加工程序	根据图样要求选择合适的丝锥型号、换算螺距以及合适的螺纹深度等 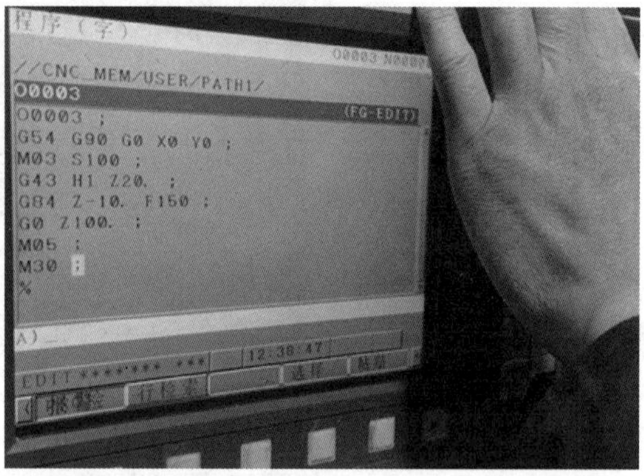
（十三）扩孔加工	采用直径为 11.5mm 的钻头进行扩孔 
（十四）攻螺纹加工	1. 以螺纹底孔为基准进行对刀,确定螺纹孔坐标位置 2. 执行攻螺纹加工 
（十五）液压歧管后处理完成	

任务五　项目评价与拓展

一、产品评价（表 3-5-1）（40分）

表 3-5-1　产品评价

序号	检测项目	设计标准	实测结果	配分	得分
1	完整度	打印完成效果		4	
2	尺寸	整体高 70mm		4	
3		底座厚 10mm		4	
4		圆柱内螺纹 Rp1/4		4	
5		槽宽 3±0.1mm		4	
6		槽深 1.3±0.1mm		4	
7	几何公差	平面度公差 0.04mm		4	
8		平行度公差 0.04mm		4	
9	表面质量	底面粗糙度值 $Ra1.6\mu m$		4	
10	力学性能	硬度 30HBW/强度 550MPa		4	

二、综合评价（表 3-5-2）（60分）

表 3-5-2　综合评价

序号	项目环节		问题分析	亮点归纳	配分	素质表现	得分
1	任务分析				5		
2	制订工艺				5		
3	任务实施	模型检测			8		
4		切片编程			5		
5		实施打印			5		
6		后处理			8		
7	检验评价				8		
8	拓展创新				8		
9	综合完成效果				8		
个人小结							

注：可酌情将配分再分为三档，在此基础上学生素质表现如果出现不良行为，则每次扣1~2分，直至扣完本项配分为止。

三、思政研学

【素养园地——院士青年风骨 | 路甬祥：吃过的苦让天赋绽放】
讲解工匠精神、担当精神、全局意识。

※研思在线：劳动伟大，创造光荣。任何成就的取得都离不开劳动，离不开实践。没有实践检验的理论都是空头理论，对于机械制造类专业更是如此。同学们谈一谈专业实践的重要性，自己准备怎样去加强本专业的实践学习？培养严谨的科学思维应该从哪些方面入手？

四、课后拓展

1. 设计问卷，调查一下周边装备企业对增材制造技术赋能液压行业的认知程度。

2. 搜集关于增材制造技术在液压领域的应用场景或应用案例，并在线上学习平台进行分享。

3. 参照产品图样，自行设计建模，并了解液压歧管的实际应用。

4. 认真完成实训报告，详细记录个人收获与心得。

项目四 打印制作轻量化航空叶轮

学习目标：

1. 了解金属增材制造技术在航空航天领域的应用现状。
2. 理解航空叶轮轻量化的概念与意义。
3. 掌握 SLM 金属打印航空叶轮的工艺特点及工艺规程。
4. 能熟练应用切片软件，合理设置加工参数，生成打印程序。
5. 能够操作金属打印机完成本项目制件打印。
6. 能够完成本项目制件相关后处理。

项目情境：

某航空企业研发新产品，计划采用金属增材制造工艺完成轻量化叶轮的制作。叶轮模型设计好以后，交由校企合作的增材制造技术应用工作站进行样品模型打印。工作站研发团队需要对该模型进行内部晶格轻量化设计，然后完成切片和打印，并清理出制件内部粉末。该产品数量为一件，材料为高温合金。

工作站研发团队接到任务以后，通过任务工单了解并分析客户需求，根据客户提供的 3D 数字模型进行轻量化设计，然后选择加工方法、材料、设备等，制订打印工艺，完成打印及后处理，交付质检部验收确认，并填写设备使用情况和维护记录。

任务一 项目获取与分析

任务学习目标：

1. 了解金属增材制造技术在航空航天领域的应用现状。
2. 理解轻量化设计的概念及其在航空航天制造领域的意义。
3. 掌握 SLM 金属打印航空叶轮的工艺规程。

【任务工单】（表 4-1-1）

表 4-1-1　任务工单

产品名称	航空压缩机		编号		周期	5 天
序号	零件名称		规格	材料	数量/套	生产要求
1	航空叶轮		φ200mm×100mm	Ni718	1/1	1. 增材制造成形部分及基体
2						2. 进行去应力退火工艺,并完成线切割
备注				接单日期:		3. 清理内部残留金属粉末
生产部经理意见	（同意生产）			完成日期:		

图 4-1-1 所示为航空叶轮零件及其效果图。

图 4-1-1　航空叶轮零件及其效果图

【项目分析】

一、图样分析

图 4-1-2 所示为航空叶轮零件图，现做如下分析。

1. 整体分析

本产品为航空压缩机上的叶轮，该叶轮形体尺寸中等，呈放射状叶片分布，内部晶格结构轻量化设计可以减少质量和转动惯量，相较于传统减材制造工艺更适合采用增材制造工艺完成。晶格结构须运用切片软件 3DXpert 来设计生成，保持壁厚 4mm 即可。晶格结构内部会封闭大量金属打印粉末，可通过底面钻孔形成出粉孔来进行清理。其他轴孔等精加工部位及表面处理交由客户企业机械制造部完成。

2. 尺寸分析

本产品最大成形尺寸为 200mm，最薄壁厚为 2mm。轴孔等精加工部位由减材制造工艺完成，因此打印时相应部分要留有 0.3mm 的精加工余量。高度方向要在大端面部位留有 0.5mm 以上的精加工余量。直径方向，即零件外围尺寸保留增材制造自然成形精度即可。

3. 表面质量

本产品要经过去应力退火，普通喷砂处理，线切割取件后大端面钻出粉孔清粉。最终叶轮要进行强化热处理及相关的抛光处理，相关工艺内容主要由企业客户自主完成。

二、相关知识

1. 增材制造技术在我国航空航天领域的应用现状

我国在《中国制造2025》规划背景下，增材制造成为推动智能制造的主线，航空航天是增材制造

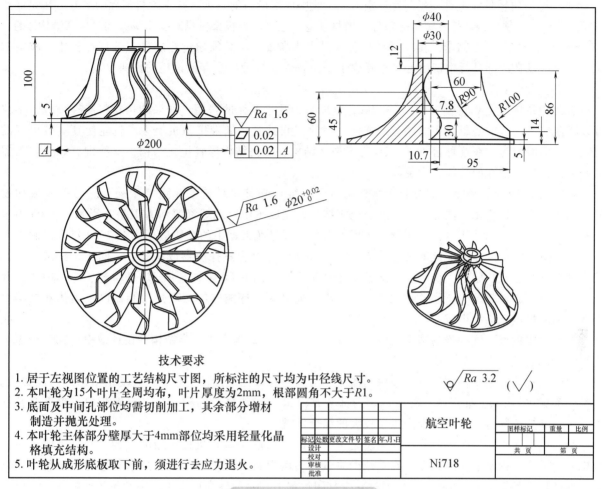

技术要求
1. 居于左视图位置的工艺结构尺寸图，所标注的尺寸均为中径线尺寸。
2. 本叶轮为15个叶片全周均布，叶片厚度为2mm，根部圆角不大于R1。
3. 底面及中间孔部位均需切削加工，其余部分增材制造并抛光处理。
4. 本叶轮主体部分壁厚大于4mm部位均采用轻量化晶格填充结构。
5. 叶轮从成形底板取下前，须进行去应力退火。

					航空叶轮		图样标记	重量	比例
标记	处数	更改文件号	签名	年·月·日					
设计							共 页		第 页
校对						Ni718			
审核									
批准									

图 4-1-2 航空叶轮零件图

的重要应用领域之一。航空航天产品零件具有多品种、小批量、结构复杂等特点，轻量化、低成本、快速研制的迫切需求与增材制造成形自由度高、成形速度快等特点高度契合。2021 年 5 月 15 日，中国首枚火星探测器"天问"一号成功着陆。在"天问"一号探测器的着陆巡视器和环绕器的推进分系统内，7500N 变推力发动机在制造过程中因增材制造技术的使用获得了重要效益——重量和体积只有以前发动机的 1/3，结构也更加优化、紧凑。

2. 增材制造技术在航空航天制造领域应用的意义

大型飞机的发动机通常由数以万计的零部件组成，虽然并非所有零部件都可以通过增材制造技术制造，但除了核心涡轮和压气机叶片之外的许多零部件都可以合理地使用该技术。以下是在航空航天领域使用增材制造技术的典型意义：

（1）可构建具有复杂几何形状的零件 从直升机零件到涡轮发动机，航空航天部件有时需要在非常狭窄的空间中使用高度复杂的几何结构。设计工程师可以使用"自上而下的整体装配式设计"来创建整个结构的 3D 模型，而不是单独创建小而复杂的零件。

（2）可实现更高效的原型设计 无须设计模具和外包生产，航空航天工程师只需使用传统制造方法所需的一小部分时间即可设计和打印原型。凭借更快地创建和测试原型的能力，航空航天企业可以在竞争中保持领先地位。

（3）可开展经济高效的生产 对于传统制造，许多航空航天企业应用的材料浪费高达 98%。而增材制造是增加材料而不是减少材料，因此可以大大减少材料浪费，帮助制造商节省生产成本。

（4）可增加零件的刚度强度 每次将较小的部件组装成更大部件时，都会降低整体的结构刚性。通过增材制造，设计工程师可以创建整个零件，包括内部空心组件，而没有脆弱易损的接头。

（5）可创建轻量级组件　燃料是航空航天工业中成本最高的一项。减少燃料消耗的最好方法是制造更轻的组件。无须连接螺栓和螺钉等零件，增材制造工艺可以将机架重量减少25%，同时提高结构刚性。

（6）减少零件库存需求　由于增材制造过程快速高效，与必须通过标准供应链订购相比，航空航天制造商可以在内部自行生产组件，这减少了手头备件或维护大量存储设施的需要。

3. 轻量化设计

航天产品是"克克黄金"，每减重1kg，就能节约几十万元的费用。如果结构材料能轻一些，不仅可以降低成本，还能搭载更多的载荷，进行更多的空间试验。如带摄像机上去，就能使其具有更好的视觉、通信能力等。在这种背景下，3D打印拓扑结构、晶格结构等轻量化结构，就特别有利于航天器的轻量化设计，使它的功能密度更高。

我国在2019年，研制了国际首个增材制造全三维点阵整星结构，并随"千乘"一号卫星成功发射；同年，将拓扑优化方法与细观点阵填充相结合，完成了中巴地球资源04A卫星、资源三号03卫星等航天器支撑结构的优化设计与研制，实现了在多个型号航天器中的在轨应用。在2020年，研制了基于增材制造三维点阵的相变储能装置结构，随"天问"一号火星探测器成功发射；同年，我国新一代载人飞船试验船成功验证，试验船搭载了星驰恒动公司研制的60余件金属3D打印产品，其中也涉及三维点阵类轻质材料结构产品。除此之外，月球及火星深空探测器的相变热控制器以及集热器框架也由薄壁和晶格填充结构组成。

封闭蒙皮包裹三维点阵的结构类型（图4-1-3）可以有效提高支架类结构的设计效率，在航天器结构轻量化方面具有推广应用前景。

超轻型金属晶格结构解决了深空探测器复杂结构的轻量化设计，实现了极其复杂结构的功能集成。这种外部蒙皮+内部三维点阵、变密度、内部含有流道等特殊复杂的构型，在突破瓶颈、减重提升性能、缩短周期、降低成本等方面产生了较大的综合效益。

晶格结构属于典型的轻量化设计手段之一，因此也引起了涡轮机械领域的兴趣。研究表明，在压缩机叶轮上应用内部晶格结构可以有效减少质量和转动惯量。使用增材制造技术制造的内部包含晶格结构的叶轮，如图4-1-4所示，可以通过减少打印过程中积累的残余应力来提高叶轮的性能。

图4-1-3　封闭蒙皮包裹三维点阵结构类型

图4-1-4　内部包含晶格结构的叶轮

4. 实现轻量化的4种典型途径

（1）中空夹层、薄壁加筋结构　此结构通常是由比较薄的面板与比较厚的芯组合而成的。在弯曲载荷下，面层材料主要承担拉应力和压应力，芯材主要承担切应力，也承担部分压应力。夹层结构具有质量轻、弯曲刚度与强度大、抗失稳能力强、耐疲劳、吸声与隔热等优点。3D打印回旋换热器，如图4-1-5所示。

铜合金火箭尾喷管的内外壁之间设计了几十条随形冷却流道，增大冷却接触表面积，达到快速冷却的效果，有效提高了零件的工作温度。

在航空、风力发电机叶片、体育运动器材、船舶制造、列车机车等领域，都可大量使用夹层结构，达到减轻重量不减强度的效果。

（2）镂空点阵结构　镂空点阵结构可以达到工程强度、韧性、耐久性、静力学、动力学性能以及制造费用的完美平衡。

三维镂空结构具有高度的空间对称性，可将外部载荷均匀分解，在实现减重的同时保证承载能力。除了工程学方面的需求，镂空点阵结构间具有空间孔隙（孔隙大小可调），在植入物的应用方面，便于人体肌体（组织）与植入体的组织融合生长。

镂空点阵单元设计有很高的的灵活性，根据使用的环境，可以设计具有不同形状、尺寸、孔隙率的点阵单元，镂空点阵结构的支架如图 4-1-6 所示。在构件强度要求高的区域，将点阵单元密度调整得大一些，并选择结构强度高的镂空点阵单元；在构件减重需求高的区域，添加轻量化幅度大的镂空点阵结构。另外，镂空结构还可以呈现变密度、厚度的梯度过渡排列，以适应构件整体的梯度强度要求。

图 4-1-5　3D 打印回旋换热器

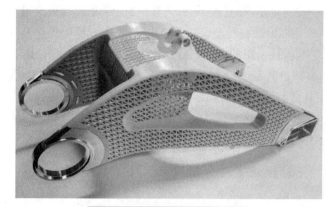

图 4-1-6　镂空点阵结构的支架

（3）一体化结构　一体化结构的实现除了带来减少组装的工艺需求，也降低了配件重量。这方面典型的案例是美国通用电气公司通过长达 10 多年的探索，对喷油嘴部件不断地优化、测试、再优化，将喷油嘴的零件数量从 20 多个减少到 1 个，如图 4-1-7 所示。通过 3D 打印将结构实现装配一体化，不仅改善了喷油嘴容易过热和积炭的问题，还将喷油嘴的使用寿命延长了 5 倍，充分提高了发动机的性能。

（4）拓扑优化结构　拓扑优化是缩短设计过程的重要手段，通过拓扑优化来确定和去除那些不影响零件刚性的局部材料，相当于是对原始零件进行了材料的再分配，从而实现满足减重要求的功能最优化。拓扑优化后的异形结构经仿真分析完成最终的建模，这些结构往往无法通过传统加工方式加工，但通过金属增材制造技术则可以实现。

图 4-1-7　金属打印喷油嘴

拓扑优化的零件根据引用边界条件，进行拓扑优化处理及打印光顺处理，实现了可打印性，最终减重了 55%。图 4-1-8 所示为拓扑优化设计过程。

图 4-1-8　拓扑优化设计过程

5. 高温合金材料

高温合金是在 600~1200℃ 高温下能承受一定应力并具有抗氧化或耐蚀性的合金。按基体元素主要可分为铁基高温合金、镍基高温合金和钴基高温合金。

高温合金按制备工艺可分为变形高温合金、铸造高温合金和粉末冶金高温合金。按强化方式有固溶强化型、沉淀强化型、氧化物弥散强化型和纤维强化型等。

高温合金主要用于制造航空、舰艇和工业用燃气轮机的涡轮叶片、导向叶片、涡轮盘、高压压气机盘和燃烧室等高温部件，还用于制造航天飞行器、火箭发动机、核反应堆、石油化工设备以及煤的转化等能源转换装置。

变形高温合金牌号，采用 "GH" 字母组合作前缀（"G" "H" 分别为 "高" "合" 汉语拼音的首位字母），后接四位阿拉伯数字（后三位数字代表合金编号），"GH" 符号后第一位数字表示分类号，即：1——表示固溶强化型铁基合金；2——表示时效强化型铁基合金；3——表示固溶强化型镍基合金；4——表示时效强化型镍基合金；5——表示固溶强化型钴基合金；6——表示时效强化型钴基合金。

本项目采用的 Ni718 是一种沉淀强化型镍基高温合金，是目前使用极为广泛的高温合金。相当于 GH4169，其密度约为 $8.2g/cm^3$，熔点可以达到 1400℃ 以上，经过合适的热处理工艺，其在 600~700℃ 高温下，拉伸强度和屈服强度保持良好，可以达到常温性能的 80% 以上，并具有良好的抗疲劳、抗辐射、抗氧化、耐蚀性能，以及良好的加工性能、焊接性能，在航空发动机、高温压力部件等方面应用广泛。

三、现场条件分析（表 4-1-2）

表 4-1-2　现场条件分析

打印工艺类型	SLM	打印材料	Ni718
打印机品牌型号	YLM-328	材料规格	粉末粒度 15~53μm
设备最大打印尺寸	328mm×328mm×220mm	后处理	去应力退火、线切割
切片软件	3DXpert	表面处理类型	喷砂处理

【工艺方案制订】

一、工艺路线分析

客户提供的叶轮模型数据只是最终产品标准，缺乏增材或减材工艺余量方面的考量。此外模型在传输或转换过程中可能也会产生数据缺损、失真等情况，因此，首先必须对模型数据进行检查分析，对于模型数据破损失真的部位进行修复，对于需要后期减材加工的部位要适当留取余量。

模型数据修正后，就可以导入切片工艺软件内进行内部晶格阵列设计，以及打印工艺设计，完成切片编程。将后置出来的程序传输到打印设备执行打印，完成后一体取下工件和成形底板，整体进行去应力退火，退火后就可以进行线切割取件，然后进行表面清粉和内部清粉处理，可以在其大端面加工出粉孔，清理出内部晶格粉末最终获取合格产品。工艺路线如图 4-1-9 所示。

图 4-1-9　工艺路线

二、制订工艺方案（表 4-1-3）

表 4-1-3 制订工艺方案

班级：	工艺过程卡		产品型号		零件图号			
			产品名称	航空压缩机	零件名称	航空叶轮	加工数	1
材料	GH4169	材料形态	粉末	制件体积		预估用时/min		预估耗材/g

工序号	工序名称	工序内容	车间	工段	设备	工艺装备	工时	
							准终	单件
1	模型分析	检查模型尺寸,检查模型数据是否有破损	微机室		计算机	NX 软件		
		分析图样,对需要减材加工部位进行余量设置	微机室		计算机	NX 软件		
		数据转换	微机室		计算机	NX 软件		
2	切片编程	将模型导入切片软件	微机室		计算机	3DXpert 软件		
		调整模型摆放	微机室		计算机	3DXpert 软件		
		对模型进行支撑设置	微机室		计算机	3DXpert 软件		
		设置激光扫描策略和激光参数	微机室		计算机	3DXpert 软件		
		执行切片,后置程序	微机室		计算机	3DXpert 软件		
3	实施打印	穿戴好工装用品,做好安全防护,牢记安全操作规程	增材车间		金属打印机	工装、面罩、吸尘器、毛刷		
		进行金属打印准备,检查设备各项指标是否正常	增材车间		制氮机、冷水机、风机、金属打印机			
		制备惰性气体,添加干燥金属粉末	增材车间		制氮机、金属打印机	烘干机、粉筒、吸尘器、毛刷		
		安装刮条,找平工作台,调整刮板高度	增材车间		金属打印机	刮条、内六角扳手、吸尘器、毛刷		
		关闭打印仓,降低含氧量	增材车间		风机、金属打印机			
		输入程序,开始打印	增材车间		制氮机、冷水机、风机、金属打印机	U 盘、数据线、互联网		
		打印完成后,稍等一刻钟,规范开仓,清粉取件	增材车间		风机、金属打印机	成形底板、烘干机、粉筒、吸尘器、毛刷		
4	后处理	去应力退火	热处理室		去应力退火炉	火钳、耐温手套		
		线切割取出制件	线切割室		线切割机床	百分表、成形底板夹具		
		加工底面出粉孔(随后出粉)	机加工室		数控铣床或钻床	卡盘或机用虎钳、百分表		
		表面喷砂处理	喷砂室		喷砂机	喷砂料		

					设计（日期）	校对（日期）	审核（日期）	标准化（日期）		会签（日期）
标记	处数	更改文件号	签字	日期	标记	处数	更改文件号	签字	日期	

【团队分工】

团队分工可根据各成员特点及兴趣，进行分组，并填写团队分工表（表4-1-4）。

表4-1-4　团队分工

组别：	
成员姓名	承担主要任务

任务二　数据处理与编程

任务学习目标：

1. 掌握 SLM 金属打印航空叶轮的工艺特点及工艺规程。
2. 能运用软件对模型进行检测并适当修复，学会与客户良好沟通。
3. 能应用 3DXpert 软件生成内部点阵晶格结构，选择合理参数。
4. 能应用切片软件，合理选择加工参数，完成打印程序编制。

【模型数据处理】

一、模型检查（表4-2-1）

客户提供的模型一般不能够直接使用，需要对模型进行详细检查，检查各关键尺寸是否需要减材加工，是否留有合适余量，是否存在数据损坏等情况，不能贸然使用模型，个别情况还要与客户反复沟通进行确认，以免给后续加工造成麻烦和损失。

表4-2-1　模型检查

检查项目	是/否	问题点	解决措施
1. 各部分尺寸是否与客户确认			
2. 是否要进行缩放			
3. 是否要留取减材余量			
4. 是否存在破损面			
5. 其他			

二、数据转换（表4-2-2）

表4-2-2　数据转换

原始模型格式	□STP	□STL	□OBJ	□其他（　　）
拟要转化格式	□STP	□STL	□OBJ	□其他（　　）

温馨提示： 数据转换后一般还要再次对模型数据进行检查，可以在切片软件里进一步完成检查及修复。

【切片编程步骤】

切片编程步骤说明及图示见表 4-2-3。

航空叶轮切
片编程视频

表 4-2-3 切片编程步骤说明及图示

步骤名称	说明及图示
（一）打开软件	1. 打开"3DXpert" **Xp** **3DXpert™** 软件
	2. 单击"新建 mm3D 打印项目"  按钮，新建以 mm 为单位的 3D 打印项目
（二）选择打印机	1. 单击右侧工具栏中的"编辑打印机"  按钮，编辑打印机
	2. 选择"打印机"为"YN-328"，选择"基板"为"300×300"，选择"材料"为"Ni718"，设置"最小悬垂角度"为 45°，单击"确定"按钮 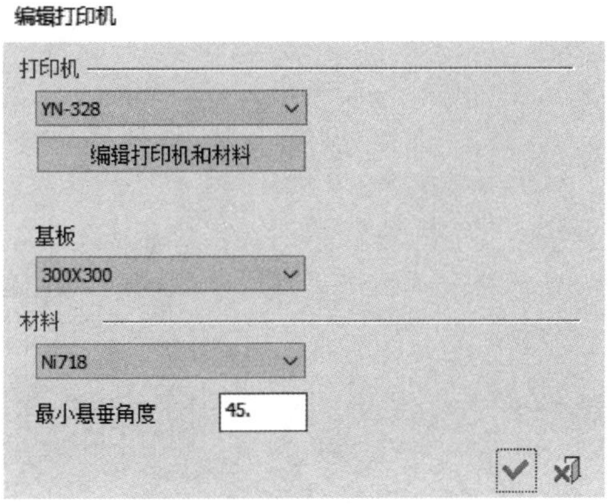 编辑打印机 打印机 YN-328 编辑打印机和材料 基板 300X300 材料 Ni718 最小悬垂角度 45.
（三）导入模型	1. 单击右侧工具栏中的"增加 3DP 组件"  按钮，导入 3D 组件（STL,STP 格式等文件）
	2. 选择"保持原始方向"，单击"确定"按钮 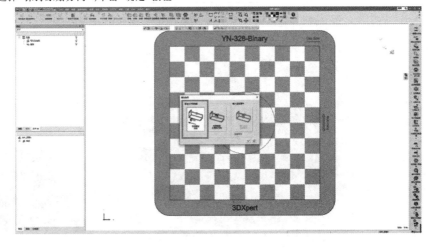

（续）

步骤名称	说明及图示
（四）模型摆放：模型摆放轴测图、正视图（距底面1.5mm）	1. 单击右侧工具栏中的"物体位置"按钮，确定模型位置  2. 设置"Z增量"为1.5mm，使模型离底面1.5mm，单击"确定"按钮。这个悬空距离就是为线切割留取的切割空间  3. 按住鼠标中键，旋转模型查看轴测图、正视图，确保零件位置合理 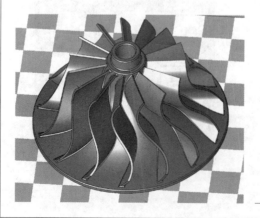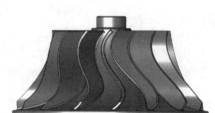

（续）

步骤名称	说明及图示
（五）打印前准备 （模型特征检查）	1. 单击右侧工具栏中的"3D打印分析工具"→"打印前准备" 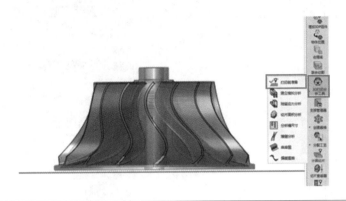,进行打印前准备,检查各类型特征 2. 在"打印可行性检查"对话框中,单击"检查"按钮,自动检查各类型特征的打印可行性  3. 单击右侧工具栏中的"3D打印分析工具"→"建立模拟分析" 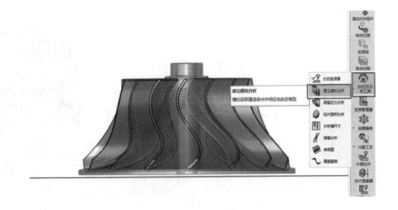,建立模型分析

（续）

步骤名称	说明及图示
（五）打印前准备 （模型特征检查）	4. 在"构建模拟参数"对话框中，单击"开始分析"按钮，系统会进行模型分析，存在问题的区域会变色显示，结果显示本模型一切正常 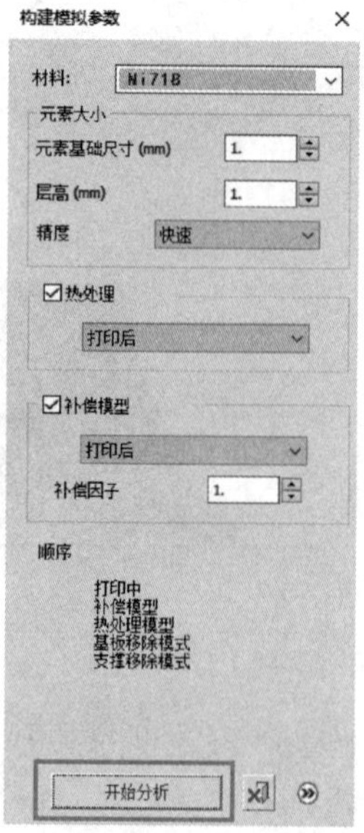 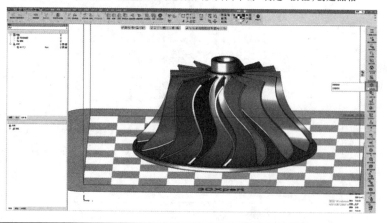
（六）晶格设计	1. 单击右侧工具栏中的"创建晶格" ![按钮] 按钮，选择叶轮零件，单击"确定"按钮，创建晶格 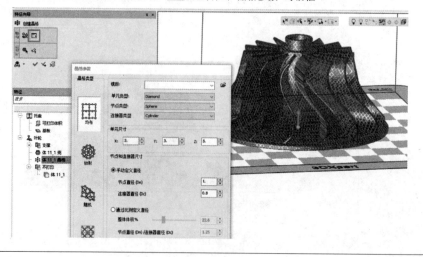 2. 单击"特征向导"框左上角的"晶格参数" ![按钮] 按钮，弹出"晶格参数"对话框

（续）

步骤名称	说明及图示
（六）晶格设计	3. 在"晶格参数"对话框中，选择"晶格类型"为"均布"，选择"单元类型"为"Diamond"，选择"节点类型"为"Sphere"，选择"连接器类型"为"Cylinder"，设置"单元尺寸"栏中的"X"为3.5mm、"Y"为3.5mm、"Z"为6mm，设置"节点直径"为1.2mm，设置"连接器直径"为1mm 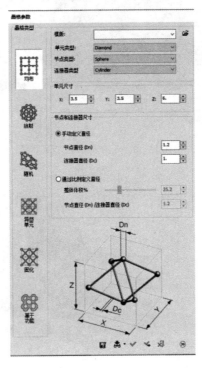 4. 单击"特征向导"框中的"定义壳、开放面"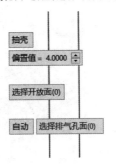按钮，进行抽壳和开放面参数设定 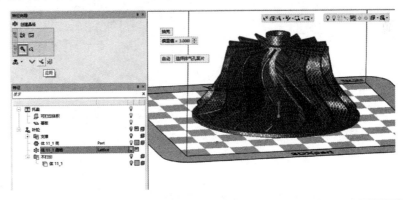 5. 设置"偏置值"为4mm，单击"选择排气孔面"按钮，选择零件孔内表面为排气孔面，单击"确定"按钮

（续）

步骤名称	说明及图示
（六）晶格设计	6. 晶格创建完成后按住鼠标中键，旋转查看正视图、轴测图，确保晶格添加合理、完整 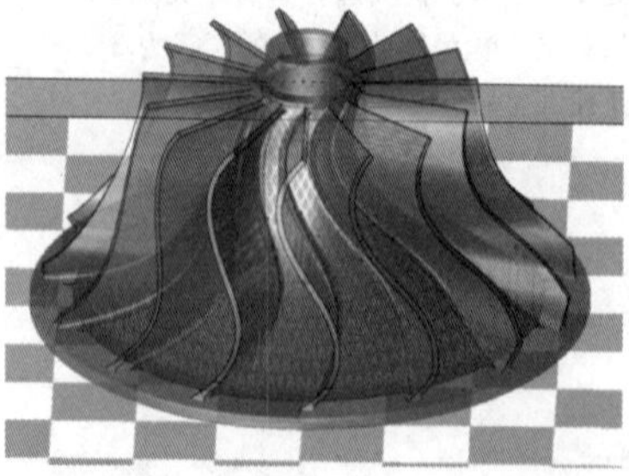 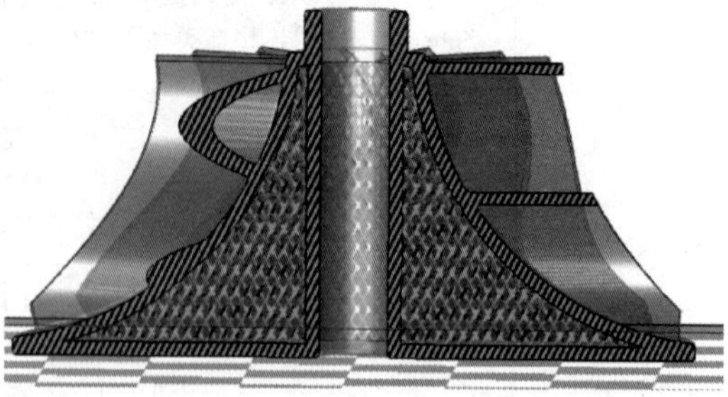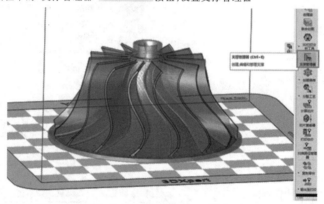
（七）支撑设计	1. 单击右侧工具栏中的"支撑管理器" 支撑管理器 按钮，设置支撑管理器  2. 设置"悬垂角度"为45°，设置"最小宽度"为2mm，设置"偏置"为1mm，设置"与垂直面的角度"为10° 3. 按住鼠标中键显示轴测图，查看支撑区域。需要添加支撑的区域都会以黄色轮廓描绘显示 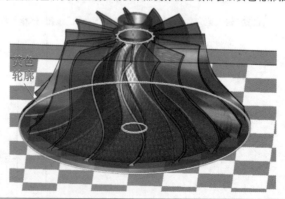

（续）

步骤名称	说明及图示
（七）支撑设计	4. 删除晶格中出现的多余支撑区域,单击模型底侧环形支撑区域 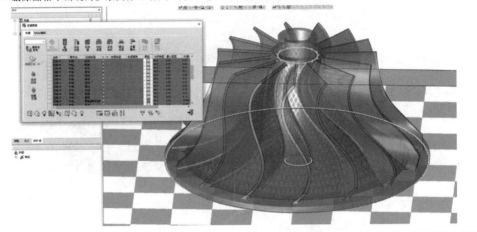 5. 单击"支撑"选项卡中的"实体支撑"按钮 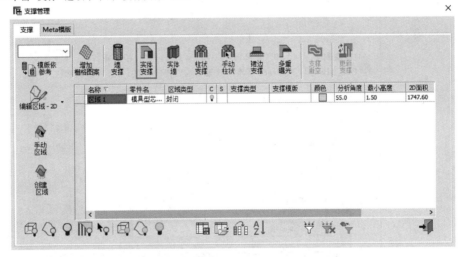 6. 在"实体支撑"对话框中进行参数设置:勾选"碎片化",设置"X 间隔"为 10mm,设置"宽度"为 1mm,设置"角度"为 45°。碎片化的目的是确保支撑有间隔,防止应力集中 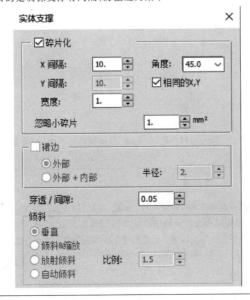

（续）

步骤名称	说明及图示
（七）支撑设计	7. 支撑加载完成后按住鼠标中键,旋转查看正视图、轴测图,确保支撑添加合理,没有遗漏  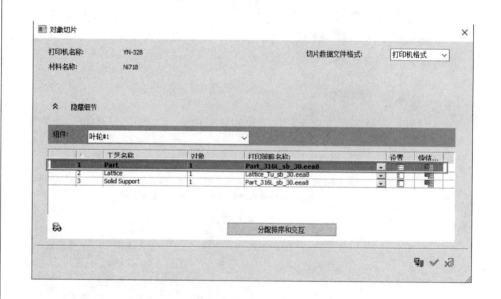
（八）参数设置	1. 分配工艺 1）单击右侧工具栏中的"计算切片" ![计算切片] 按钮,打印策略名称可自主设定 2）设置打印策略。在"对象切片"对话框中,选择"打印策略名称:"<u>打印策略名称:</u> 下方第一个下拉列表框中的"Part_316L_sb_30.eea8"策略。该策略需要提前设置,一般为系统默认 ![对象切片对话框] 3）单击"Part_316L_sb_30.eea8"打印策略后对应的"设置" ![设置] 按钮,进行打印策略参数设置 4）Part打印策略"常规参数"设置:设置"层厚度"为 $30\mu m$,设置"工艺之间,交错"为 $200\mu m$,勾选"墙支撑运动-在相邻层中交替开始端和结束端""墙支撑运动-分割交叉的墙支撑",勾选"考虑气流方向",设置"要避开的夹角范围"为 $37°$,设置"起始角度"为 $30°$,设置"增量角度"为 $67°$,勾选"下表面规则",设置"层数"为3,设置"角度大于"为 $10°$、勾选"中间层规则"

（续）

步骤名称	说明及图示
	5）Part打印策略"轮廓参数"设置：
	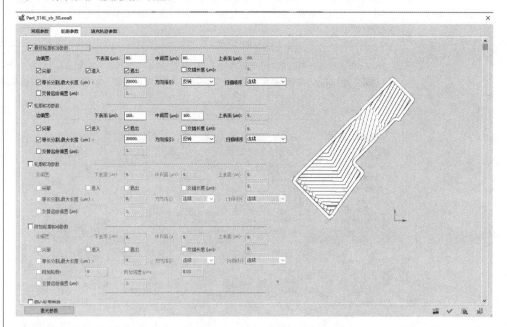
	①勾选"最终轮廓（C1）参数"，设置"下表面"为80μm，设置"中间层"为80μm，勾选"尖部""进入""退出"，设置"等长分割，最大长度"为20000μm，选择"方向指引"为"反转"，选择"扫描顺序"为"连续"
	②勾选"轮廓（C2）参数"，设置"下表面"为160μm，设置"中间层"为160μm，勾选"尖部""进入""退出"，设置"等长分割，最大长度"为20000μm，选择"方向指引"为"反转"，选择"扫描顺序"为"连续"
（八）参数设置	6）Part打印策略"填充轨迹参数"：设置"下表面"为240μm，设置"中间层"为240μm，勾选"填充下表面区域-"，在对应的下拉列表框中选择"条带"，设置"步距"为100μm，设置"单元宽度"为8000μm，选择"单元边界"为"否"，设置"偏置到中间层"为0，设置"交错到中间层"为0，选择"扫描顺序"为"连续"，选择"填充方向"为"水平"；勾选"填充中间层区域-"，在对应的下拉列表框中选择"条带"，设置"步距"为100μm，设置"单元宽度"为8000μm，选择"单元边界"为"否"，选择"扫描顺序"为"连续"，选择"填充方向"为"水平"，单击"确定"按钮
	7）在"对象切片"对话框中，选择"打印策略名称："**打印策略名称：** 下方第一个下拉列表框中的"Lattice_Tu_sb_30. eea8"策略
	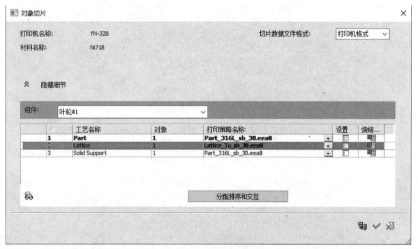
	8）单击"Lattice_Tu_sb_30. eea8"打印策略后对应的"设置" **设置** 按钮，进行打印策略参数设置

（续）

步骤名称	说明及图示
	9）Lattice Support 打印策略"常规参数"设置：设置"层厚度"为 30μm，设置"工艺之间，交错"为 200μm，勾选"考虑气流方向"，设置"要避开的夹角范围"为 30°，设置"起始角度"为 15°，设置"增量角度"为 67°，勾选"中间层规则"
（八）参数设置	10）Lattice Support 打印策略"填充轨迹参数"设置：设置"中间层"为 80μm，"填充中间层区域"为"条带"，设置"步距"为 100μm，设置"单元宽度"为 8000μm，选择"单元边界"为"否"，选择"扫描顺序"为"连续"，选择"填充方向"为"水平" 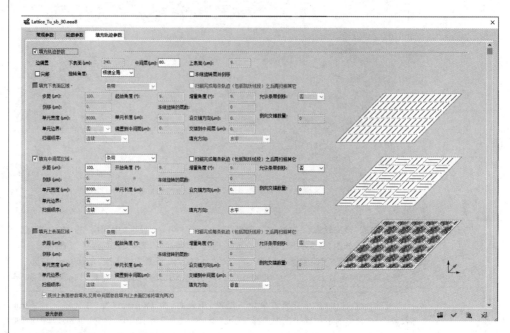 无轮廓轨迹、参数设置 2. 激光参数 单击工艺设计界面左下角"激光参数"按钮，弹出"激光参数"对话框 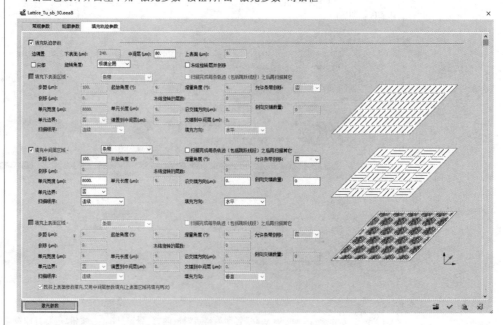

（续）

步骤名称	说明及图示

（八）参数设置

1）层厚度为 30μm 的零件在"激光参数"对话框中"下"表面的参数设置：单击"C1"，在"参数"栏中，设置"Laser Power"为 240W，设置"Mark Speed"为 1200mm/s；单击"C2"，在"参数"栏中，设置"Laser Power"为 240W，设置"Mark Speed"为 1200mm/s；单击"填充"，在"参数"栏中，设置"Laser Power"为 250W，设置"Mark Speed"为 1200mm/s

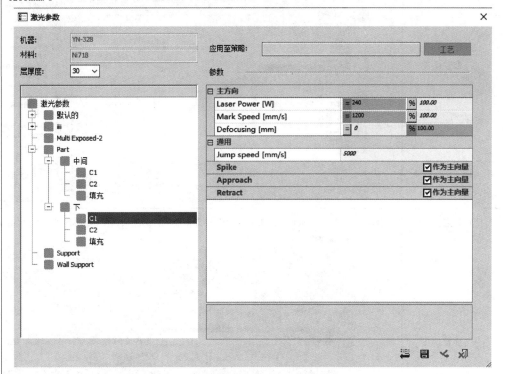

2）层厚度为 30μm 的零件在"激光参数"对话框中"中间"层的参数设置：单击"C1"，在"参数"栏中，设置"Laser Power"为 240W，设置"Mark Speed"为 1200mm/s；单击"C2"，在"参数"栏中，"Laser Power"为 240W，设置"Mark Speed"为 1200mm/s；单击"填充"，在"参数"栏中设置"Laser Power"为 260W，设置"Mark Speed"为 1200mm/s

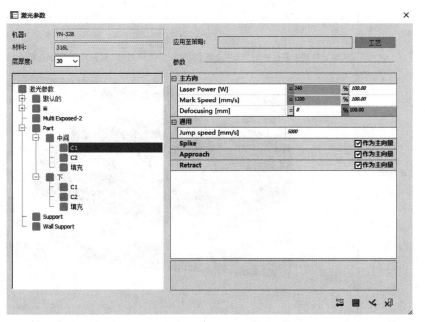

（续）

步骤名称	说明及图示
（八）参数设置	3）单击"应用至策略"后对应的"工艺"按钮，在弹出的"工艺编码"对话框中，勾选"0：Part""1：Part Fine""2：Part Rough""3：Part2""4：Machining Offset""5：Lattice""6：Part3""11：Solid Support""13：Lattice Support""14：Cone Support"选项，单击"确定"按钮 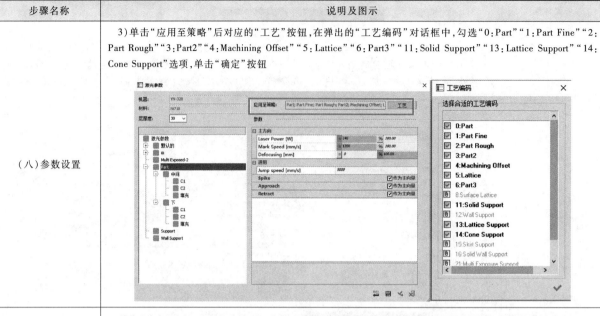
（九）计算切片	单击"确定"按钮，进行切片处理。这个过程依照零件的复杂程度，处理时间并不同，本案例大约耗时0.5h 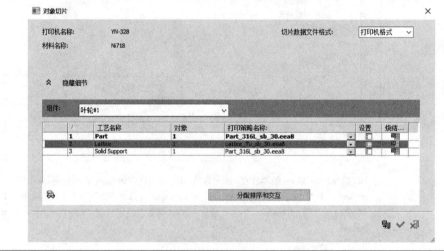
（十）仿真观察	单击右侧工具栏中的"切片查看器" 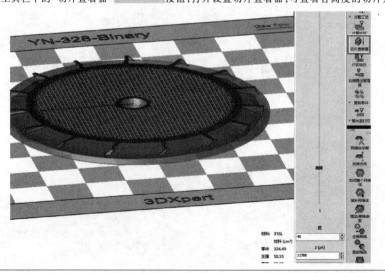 按钮，打开设置切片查看器，可查看各高度的切片是否合理

（续）

步骤名称	说明及图示
（十一）后置程序	1. 单击右侧工具栏中的"输出至打印"  按钮，导出 CLI 格式文件 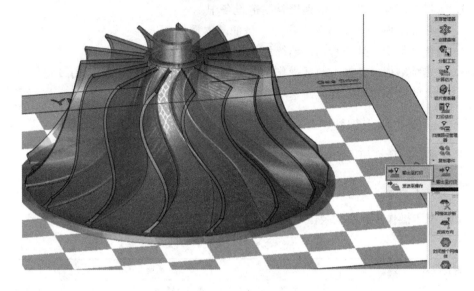 2. 勾选"输出切片数据"，设置"文件位置"为需要保存的地址，勾选"输出为合并文件"，单击"确定"按钮 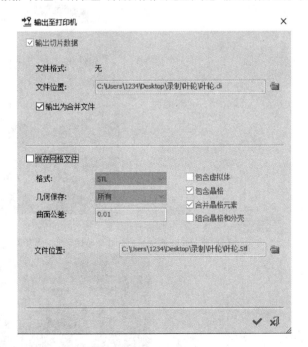

任务三　实施打印与控制

任务学习目标：

1. 能将打印程序快速传输到增材制造设备中。
2. 能熟练掌握 YLM-328 型金属打印机的基本操作。
3. 能合理地配备打印粉末，熟练添加或清理粉末。
4. 能熟练掌握设备基本调试操作，包括刮刀、工作台等合理间隙的设置。
5. 能有效监控打印过程，并采取合理的处置措施。

【金属打印安全操作规程】

参见项目一所列相关内容。

航空叶轮打
印过程视频

【打印过程】

金属打印操作步骤说明及图示见表 4-3-1。

表 4-3-1　金属打印操作步骤说明及图示

操作步骤	说明及图示
（一）打印前检查与确认	1. 操作前穿好防护服，戴口罩（里面为普通口罩，外面为防毒口罩）、一次性手套、防静电手环，并整理好袖口 2. 在前面切片环节已经通过模型和材料规格完成了对设备型号的选择。在本环节打印前仍需要再次确认设备规格型号，本次打印模型尺寸为 $\phi200mm\times100mm$，材料为高温合金 Ni718 粉末，因此采用 YLM-328 型金属打印机进行打印，设备技术规格参见项目三相关内容 3. 现场对打印设备进行打印前的检查与确认，包括冷水机循环水位是否处于安全高度值；设备所在车间的环境温度保持在 $(25\pm5)℃$，湿度小于 75%。冷水机的作用是为激光和光学系统保持稳定温度，确保顺利完成本次打印任务 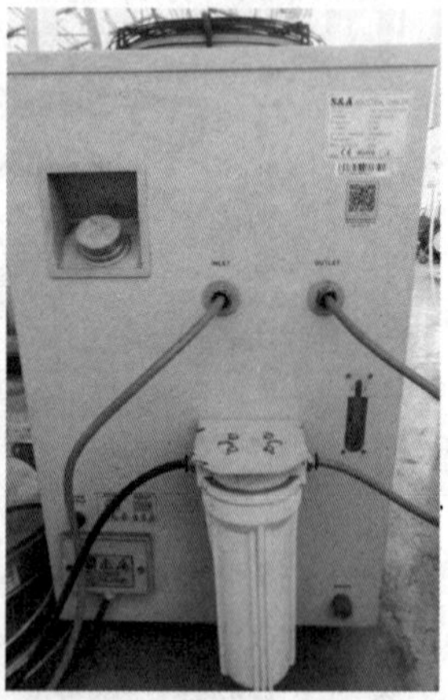
（二）启动设备	1. 首先打开电源总开关，让所有设备通电。接着打开冷水机电源开关，确保冷水机处于制冷状态。打开循环过滤器电源开关，确保风机正常运转。打开金属打印机电源开关。总之，设备开机前，先开冷水机 

（续）

操作步骤	说明及图示
（二）启动设备	 2. 启动金属打印机内置计算机，打开配套操作系统软件 
（三）预制惰性气体	1. 打印过程中需要不断地往成形仓内部充入惰性气体，以此来保证打印层不被氧化。由于材料不同，需要的惰性气体也不相同。高温合金 Ni718 粉末可以用氮气作为保护气体。制氮机在启动之前需要先启动空气压缩机，并保证压缩气压为 0.5~0.8MPa 

（续）

操作步骤	说明及图示
（三）预制惰性气体	2. 根据要求，按顺序按下开关运行制氮机，制氮机运行后需要一定的时间，氮气纯度才能达到99.99%，之后方可进行打印操作 
（四）打印前清理	1. 打印前要先完成对设备粉末的清理工作，应该按照从上而下、从里到外的顺序进行。首先进行的是成形缸内的粉末清理（各个缸室的清理都包括扫、吸、擦三步）。用刷子清理粉末时，用吸尘器吸取飘扬起来的粉末 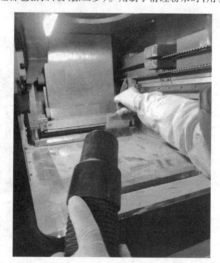 2. 进行粉末缸内的粉末清理，及整个成形仓内部的粉末清理工作，包括各构件、传动机构、各部位死角清理等 3. 清理完成形仓内粉末后，需要用无尘布蘸酒精擦拭振镜保护镜，擦拭的手法为由里向外，顺时针方向螺旋擦拭  4. 最后进行周围环境清理工作
（五）配置粉末材料	1. 打印前要提前完成粉末的配置，二次使用的粉末必须进行筛粉与过滤。二次使用粉末在使用前需要达到一定的混合比例，一般都要加入1/3的新粉，保证粉末的粒度和纯度。该项操作也是打印成功的必要保障 2. 新粉和二次使用的粉末都需要烘干，并且保证干燥度在98%以上。粉末的干燥度影响着粉末的流动性，粉末流动性的好坏决定落粉或铺粉的效果，最终都将影响打印成败

（续）

操作步骤	说明及图示
（六）添加粉末	1. 把配置好的粉末先灌装到加粉筒,利用到的工具有铲子、漏斗等,灌装粉末时一定要穿戴必要的防护用具,如静电衣、防尘面具、防静电手环等 2. 利用加粉筒把设备的粉末缸加满。加粉时需要把所有接口关闭,安装到位后再打开,方便落粉 
（七）更换、调平成形底板	1. 根据打印材料不同,选择相应成形底板材料。本项目打印粉末为高温合金 Ni718 粉末,选择的成形底板材料为 45 钢或不锈钢 2. 固定前需要将成形底板和成形仓底面调平,如成形底板的平面高度不够,可以采用在成形底板下面垫调高垫片 3. 调平后,利用内六角扳手通过螺母固定,把成形底板安装在成形缸底部,和成形缸底面平齐  4. 固定后,使成形底板向上移动 1mm,保证激光焦距位置最佳。因为调整焦距位置是在成形底板上方 1mm 处调整的,所以成形底板上方 1mm 处为最佳焦距
（八）更换刮条、调整刮刀	1. 利用扳手将整个刮刀全部拆下,清理刮刀上的残留粉末和杂质 2. 用剪刀裁剪汽车刮水器的刮条,裁剪要均匀,大小合适 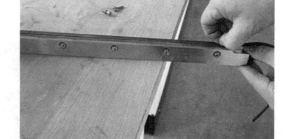 3. 将裁剪好的刮条安装到刮刀下部,观察刮条是否垂直于锁紧端面,不垂直要进行调整,最后锁紧螺母使其牢固 4. 将刮刀装回到设备相应位置,并配合塞尺,调节刮条相对于成形底板的位置,使左右间隙合适(0.03mm 左右)

（续）

操作步骤	说明及图示
（八）更换刮条、调整刮刀	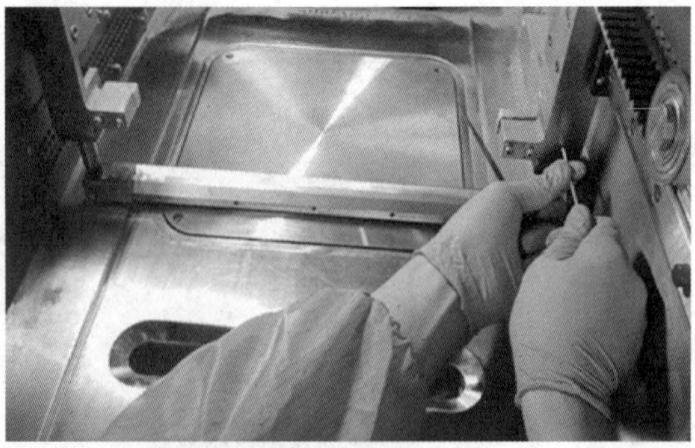
（九）铺粉、调整成形底板	1. 通过操作控制系统，完成刮刀撞粉、粉筒落粉和刮刀前后摆动参数设置，使落粉粉量合适，使刮刀前后摆动范围合适 2. 仔细观察粉层厚度与均匀程度，调节螺母调节刮刀和成形底板高度，要确保铺粉薄而略透，完成初次铺粉调节工作（注意用 M3 内六角螺栓固定左、右升降微调螺母）  
（十）设备预环境	1. 关闭成形仓仓门 2. 打开惰性气体电磁阀，打开设备吸气阀，充入惰性气体，降低氧含量。当成形仓内氧含量下降到 0.2% 以下时，可以开始打印 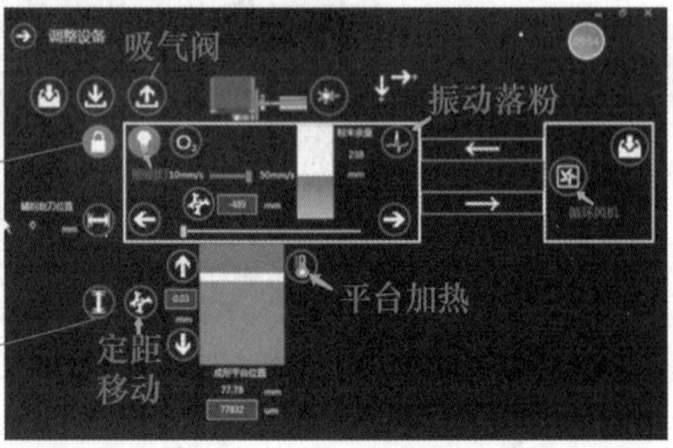 3. 进行成形底板加热，成形底板温度设置为 100℃
（十一）导入模型打印程序	1. 在导入界面选择后缀为 CLI 格式的文件 2. 通过预览查看，检查程序和首层的路线轨迹 3. 查看当前成形层和预计打印时间等 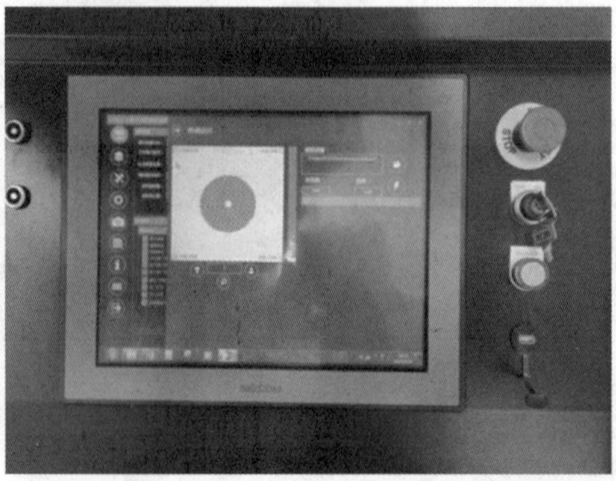

（续）

操作步骤	说明及图示
（十二）运行程序	1. 检查各运行环境参数,包括室内氧含量、粉末余量、成形底板温度、风机状态、水冷机状态、过滤系统状态等 2. 确认以上参数均在正常范围内,即可开始成形打印 
（十三）过程控制	1. 检查铺粉效果,查看整个成形底板的铺粉情况,至少需要保证整个成形底板铺粉正常,没有缺粉情况。由于下面有 2~3mm 的实体支撑,初始层可以酌情考虑 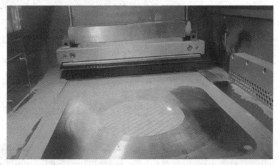 2. 检查顶粉口的顶粉量,既不能太少,又不能太多,太少可能影响成形区域铺粉效果,太多可能会浪费粉末,可通过修改刮刀行程调节撞粉量,从而控制出粉量  3. 检查风场方向和排尘效果,首先保证排风和吸尘方向正确;其次保证扬尘能落到非打印区域或直接吸走  4. 检查扫描区域有无打印异样,是否存在激光功率不足、支撑强度不足或过烧情况

（续）

操作步骤	说明及图示
（十四）打印完成	1. 打印完成后，界面显示打印完成 2. 关闭循环过滤器
（十五）清粉取件	1. 打印结束后，为保证成形仓内、外温度及气压的逐渐平衡，最好静待一段时间后，再缓慢打开仓门。 2. 手动模式移动成形底板升出成形缸  3. 用毛刷清理粉末，把多余粉末扫进集粉瓶内，用吸尘器对残余粉末进行最后清理  4. 用手风器清理沉孔里的粉末，拆除成形底板 
（十六）粉末回收及关机	1. 打开集粉瓶柜，取出前、后集粉瓶，对回收粉末进行筛分和存储 2. 关机前先关闭系统软件，再关闭内置计算机，再关闭打印设备 3. 关闭金属打印机电源开关、冷水机电源开关、循环过滤器电源开关、制氮机电源开关、空气压缩机电源开关，最后关闭电源总开关，使所有设备断电
（十七）设备维护保养	 维护项目 / 维护周期 / 维护方法 表如下

（十七）设备维护保养

维护项目	维护周期	维护方法
（吸气）滤芯	1周	两人协同打开滤芯筒，进行更换，确保良好密封和注意火灾隐患
成形仓密封性	6个月	可向仓内通气检测，如有漏气，更换密封圈
滚动导轨润滑	1周	去除灰尘，添加润滑油
设备电机	3个月	如有异响或异常振动，及时维修或更换
T型同步带	6个月	如有松动及时张紧或更换，观察刮板运动情况，如有速度变缓或不动，及时更换同步带
刮粉机构旋转密封轴承	6个月	经常观察刮板运动情况，如有速度变缓或不动，及时检查轴承

◎ **知识加油站——SLM 激光选区熔化打印的相关注意问题**

1. 金属打印常见缺陷及原因

（1）孔隙　在金属打印过程中，零件内部非常小的孔穴会形成孔隙，这些孔穴由金属打印工艺本身或者粉末引起，它们会降低零件的整体密度，导致裂纹和疲劳问题的出现。

在雾化制粉过程中，气泡可能在粉末的内部形成，它将转移到最终的零件中。更常见的是，金属打印过程零件本身会产生小孔。如当激光功率过低，会导致金属粉末没有充分熔融。当功率过高，会出现金属飞溅的现象，熔化的金属飞出熔池进入到周边区域形成微孔。当粉末的尺寸大于层厚，或者激光搭接过于稀疏，也会出现小孔。熔化的金属没有完全流到相应的区域也会造成小孔出现。为了解决这些问题，在金属打印工艺中，可以通过调整光斑形状来减少粉末飞溅。

（2）残余应力　在金属打印中，残余应力由冷热变化、膨胀收缩过程引起。当残余应力超过材料或者成形底板的拉伸强度，就会有缺陷产生，如零件产生裂纹或者成形底板翘曲。

残余应力在零件和成形底板的连接处最为集中，零件中心位置有较大压应力，边缘处有较大拉应力。可以通过添加支撑结构来降低残余应力，因为它们比单独的成形底板温度更高，形成温度过渡。一旦零件从成形底板上取下来，残余应力会被释放，这个过程中零件就可能会变形。为了降低残余应力，必须控制温度起伏，可采取减小扫描矢量长度的方式代替连续激光扫描，或者选用更合理的支撑把零件牢固地连接在成形底板上，可使用实体支撑来快速导热。

（3）裂纹　除了零件内部孔隙会产生裂纹外，如果热源功率太大，冷却过程中就可能会产生额外应力；局部熔融金属凝固，而旁边区域进一步加热也可能会出现裂纹；如果层间粉末熔化不充分，或熔池下面有若干层重熔，分层现象也会容易出现，导致层间发生断裂。层间发生断裂的零件，如图 4-3-1 所示。

图 4-3-1　层间发生断裂的零件

（4）翘曲　为了确保打印任务能顺利开始，打印的第一层必须充分地熔融在成形底板上。打印过程中，如果成形底板热应力超过其强度，成形底板会发生翘曲，最终会导致零件发生翘曲，会有致使刮刀撞到零件的风险。为了防止翘曲，需要在合适的位置添加适量的支撑，支撑除了提供支持力，还提供牵引拉力，确保零件不变形。

（5）局部隆起　金属打印过程中，也会有其他变形因素，如弹粉、膨胀或者球化，熔化的金属会产生局部隆起，这会对铺粉、刮粉造成严重影响。

对于刚性刮刀，由于膨胀、球化、局部隆起、边缘翘曲等情况发生，会使刚性刮条与零件碰撞、刮擦，导致设备产生停机故障，造成打印失败。

对于柔性刮刀，在刮粉过程中，刮条可能会在支撑、零件的迎粉侧产生弹粉，导致熔化的金属局部隆起，加上累积效应，导致粉层铺粉厚度不均匀，出现打印分层或翘曲，也会产生设备停机故障，造成打印失败。

2. 零件摆放合理性是顺利完成金属打印的重点

零件打印时放置的方向、角度、位置决定了支撑产生的多少，打印时间的长短，因此需要综合考虑。

1）首要保证零件重要部位的尺寸精度，相关部位要尽量放在打印的上表面，尽量避免产生支撑。

2）零件整体要尽量减少支撑数量，可减轻后处理负担。

3）尽量降低打印零件高度，可缩短打印时间。

4）零件在摆放完成后，可通过角度计算出需要添加支撑的位置（小于45°的下表面位置），在支撑区域内部添加网格，采用碎片化网格方式（间距1.5mm），支撑类型一般推荐墙支撑为主，为增加强度，薄墙不要单独存在，要采用十字形式互相强化。墙支撑采用侧面有水滴形排粉孔的形式，上端与零件接触位置为三角形，接触距离为0.2mm，高度为1mm，在底面0.5mm高度以上开始添加排粉孔。

任务四　后处理与检测

任务学习目标：

1. 了解金属打印后处理的常见工艺特点。
2. 能掌握线切割的基本操作。
3. 能掌握内部晶格出粉、清粉操作。
4. 能掌握喷砂操作。

【后处理工艺路线】

本项目产品航空叶轮已完成增材制造加工，后处理主要是切割取件、清除内部晶格包裹的金属粉末及喷砂处理等。在满足客户产品需求的前提下，制订以下工艺路线，如图4-4-1所示。

航空叶轮后处理视频

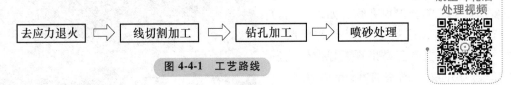

图 4-4-1　工艺路线

【去应力退火】

本工序的主要内容是正确使用退火炉对航空叶轮进行去应力退火，去应力退火的加热温度不能引起相变，目的只是为了消除增材制造中产生的内应力，减小变形开裂倾向。本制件材料为高温合金GH4169，它是固溶强化型变形高温合金，制件结构壁厚都在4mm左右，综合各考量因素，制订其热处理工艺如下：

1）将叶轮水平放置到加热炉内，抽真空。

2）固溶处理。以40~60℃/min的升温速率从室温升至930~980℃，保温2h，随后空冷。

3）时效处理。加热至680~740℃，保温6~10h，以40~60℃的冷却速率炉冷至620℃，并在此温度保温6~10h，随后再空冷至室温。

具体操作步骤可参见项目一所列相关内容。

【线切割加工】

本工序的主要内容是运用线切割机床，通过简单的直线切割路径，完成航空叶轮与成形底板的分离。线切割加工操作步骤说明及图示见表4-4-1。

表 4-4-1　线切割加工操作步骤说明及图示

操作步骤	说明及图示
（一）线割前检查与确认	1. 机床开始工作前要有预热,认真检查润滑系统工作是否正常,如机床长时间未开动,可先采用手动方式向各部分供油润滑 2. 认真检查丝筒运动机构、切削液系统是否正常,若发现异常要及时报修

（续）

操作步骤	说明及图示
（二）设备开机	1. 打开设备总开关 2. 打开系统控制面板,完成系统自检 3. 试启动切削液泵,检查切削液供给系统是否正常 4. 试启动丝筒,检查丝筒行程往返是否正常 5. 一切正常后,开始装夹工件
（三）工件装夹	1. 以成形底板作为基准进行装夹 2. 可以将成形底板竖起固定,可采用专用夹具,以夹具定位基准保证成形底板面与工作台面相互垂直  3. 还要结合切割部位和切割方向进行考虑,保证成形底板面与切割方向平行,可采用百分表找正
（四）程序编制	1. 切割路径以紧贴成形底板面但又不能切削到成形底板为准(打印支撑高度留余量 1mm)。切割路径为一条直线,直线长度大于航空叶轮最大宽度即可 2. 在线切割绘图界面绘制一条 X 方向的直线,长度大约 260mm 3. 绘图后单击"执行 1"按钮,选择补偿值"F0"即可进入编程界面,单击"2 钼丝轨迹"按钮自动设置切割程序起、终点,生成程序并单击"8 后置"按钮保存 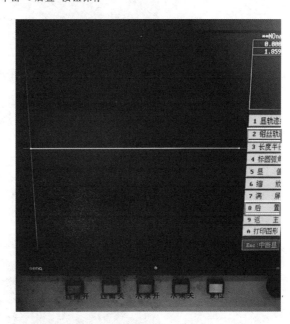 4. 单击"9 返主"→"加工",在弹出的"加工"界面,调取程序,可进行模拟检查 5. 设置合适的电加工参数:单击"D 其他参数"→"8 高频组号和参数"→"3 送高频的参数"→"0",按<Enter>键。电极得电后电压表有显示,为钼丝对刀做好了准备

（续）

操作步骤	说明及图示
（五）对刀操作	由于本切割操作目的在于卸取制件,因此对刀操作可采用标准的放电接触对刀法,也可以采用目测法,将钼丝移动至理想的加工起点,随时准备加工 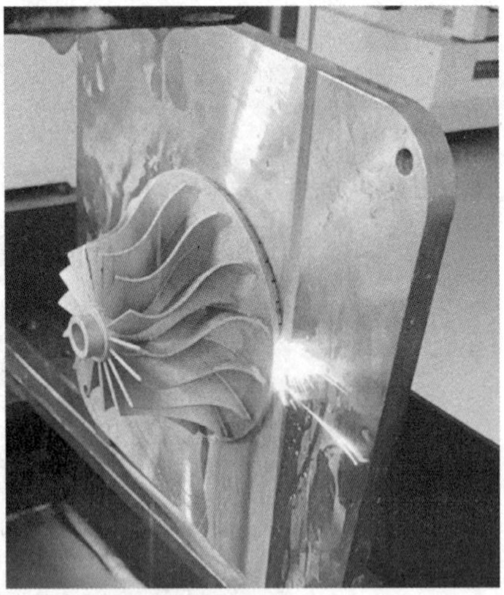
（六）执行线切割	1. 按下运丝电源开关,让电极丝滚筒空转,检查电极丝抖动情况和松紧程度,若电极丝过松,则用张紧轮均匀用力紧丝 2. 打开水泵时,先把调节阀调至关闭状态,然后逐渐开启,调节至上、下喷水柱包容电极丝,水柱射向切割区 3. 接通脉冲电源,用户应根据对切割效率、精度、表面粗糙度值的要求,选择最佳的电参数方案 4. 单击"切割"按钮,进入加工状态。观察电流表在切割过程中,指针是否稳定,切忌短路 5. 整个加工过程要随时巡视,观察水、丝、电等运转是否正常 
（七）加工完成	加工结束后,系统会自动关闭水泵电动机和运丝电动机,防止零件自然坠落,损伤零件或机床 

【钻孔（出粉孔）加工】

本工序的主要内容是通过数控铣床完成航空叶轮底座平面钻孔加工，目的是将内部晶格包裹的残余粉末顺利清理出来。数控铣削加工操作步骤说明及图示见表4-4-2。

表4-4-2　数控铣削加工操作步骤说明及图示

操作步骤	说明及图示
（一）加工前检查与确认	1. 检查 CNC 电箱 2. 检查操作面板及 CRT 单元 3. 检查数控铣床限位开关
（二）机床启动	1. 启动前确认急停开关处于"按下"状态，可避免浪涌电流冲击 2. 打开铣床总开关，等待数控系统自检完成 3. 选择回零模式，先返回 X、Y 轴零点，再返回 Z 轴零点
（三）工件装夹	采用台虎钳进行装夹，钳口加装铜皮防止夹伤变形，尽量保持叶轮底面水平  
（四）手动钻孔操作	1. 对刀确定零件中心 2. 通过手轮模式，结合相对坐标，尽量保证所钻孔能够对称布局 3. 钻孔使用 $d=6\text{mm}$ 的钻头，转速为 2000r/min，手动进给量为 100mm/min  4. 钻孔深度以漏出晶格结构为准，防止过深而破坏力学结构

（续）

操作步骤	说明及图示
（五）振动出粉	1. 通过整体振动及底面敲击等方法确保能够顺利出粉 2. 结合采用金属丝及吸尘器加快出粉效率 3. 增加出粉孔数量来加快出粉，一般不宜超过 8 个 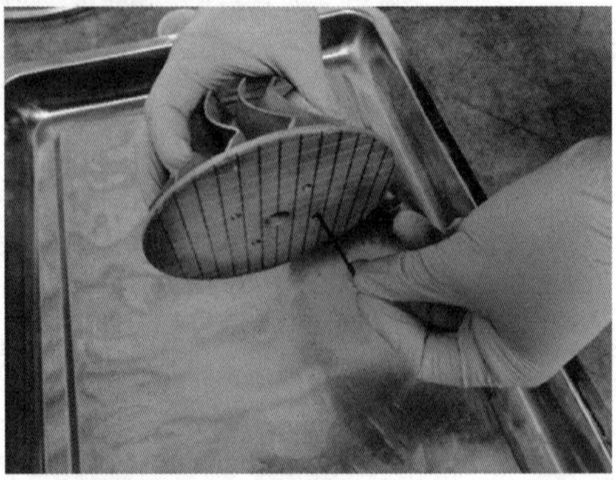

【喷砂处理】

本工序主要内容是对叶轮进行表面喷砂处理，获取相对理想的表面质量。喷砂处理操作步骤说明及图示见表 4-4-3。

表 4-4-3　喷砂处理操作说明及图示

操作步骤	说明及图示
（一）喷砂前准备	1. 检查电源及开关是否正常 2. 检查气源压力是否正常，并打开开关准备 3. 检查砂料是否合格，是否需要添加或更换
（二）打开仓门，放入零件	
（三）锁紧仓门，戴好密封手套，进行喷砂	

(续)

操作步骤	说明及图示
(四)重点部位重点喷砂,保持喷砂效果均匀,完成后取出零件	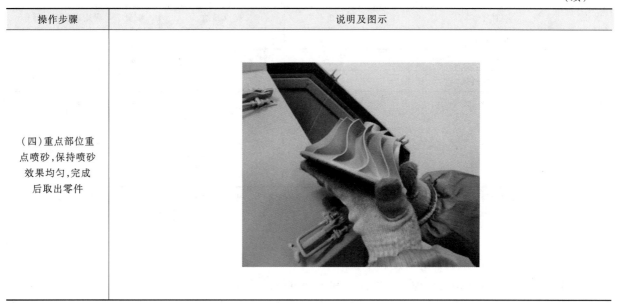

任务五　项目评价与拓展

一、产品评价（表 4-5-1）（40分）

表 4-5-1　产品评价

序号	检测项目	设计标准	实测结果	配分	得分
1	完整度	叶轮打印完成效果		8	
2	尺寸	叶片厚 2mm		4	
		直径 ϕ200mm		4	
3		清粉孔合理性		4	
4	几何公差	无		4	
6	表面质量	表面粗糙度值 Ra3.2μm		4	
		清粉效果		8	
7	力学性能	硬度 45HRC/强度 600MPa		4	

二、综合评价（表 4-5-2）（60分）

表 4-5-2　综合评价

序号	项目环节		问题分析	亮点归纳	配分	素质表现	得分
1	任务分析				5		
2	制订工艺				5		
3	任务实施	模型检测			8		
4		切片编程			5		
5		实施打印			5		
6		后处理			8		

（续）

序号	项目环节	问题分析	亮点归纳	配分	素质表现	得分
7	检验评价			8		
8	拓展创新			8		
9	综合完成效果			8		
个人小结						

注：可酌情将配分再分为三档，在此基础上学生素质表现如果出现不良行为，则每次扣1~2分，直至扣完本项配分为止。

三、思政研学

【素养园地——中国航天器的浪漫名字】

讲解创新精神、责任担当精神、爱国主义和民族自信心教育。

※研思在线：中华文明有着五千多年历史的文明形态，我们的先贤们以勤劳深思、格物致知的精神追求，创造了辉煌的文明，令我们深感自豪和骄傲。那么，采用这种当代科技与历史人文相互交融的形式来命名中国航天器，反映了新时代航天人和科学家群体哪些精神风貌？请谈谈上述这些对我们年轻学子又会产生哪些影响？

四、课后拓展

1. 设计网络问卷，调查近年来我国在航空航天的领域取得了哪些成就？其中哪些方面运用了相关增材制造技术？

2. 参照产品图样，自行设计建模。尽量多了解该产品的相关应用场景，并进行线上交流。

3. 认真完成实训报告，详细记录个人收获与心得。

项目五 打印制作拓扑优化的摩托车支架

学习目标：

1. 了解摩托车支架的相关应用场景。
2. 掌握拓扑优化设计的基本概念及基本设计流程。
3. 了解铝合金材料的特点和打印成形的工艺特性。
4. 能制订本产品增减材混合制造的工艺规程。
5. 能应用切片软件，合理选择加工参数，生成打印程序。
6. 能够操作金属打印机完成本项目制件打印。
7. 能够掌握本项目制件所有相关后处理操作。

项目情境：

　　某摩托车企业试制新产品，对原摩托车支架进行了改进设计。现将改进模型交由增材制造事业部进一步拓扑优化设计，并进行力学仿真测试，测试结果沟通确认后执行打印。打印完成后，由该事业部进行机械加工后处理。该产品数量为两件，材料为铝合金。

　　生产工程师接到任务以后，通过任务单了解并分析客户需求，检查并优化模型，根据最终确认模型选择加工方法、材料、设备等，制订打印工艺，由设备操作员完成打印及相关后处理，再交付质检部验收确认，并填写相关记录，及时发送给客户。

任务一 项目获取与分析

任务学习目标：

1. 了解摩托车支架的应用条件及应用场景。
2. 了解摩托车支架采用增材工艺制造的优势与意义。
3. 理解拓扑优化设计的基本概念及实际应用意义。
4. 掌握铝合金材料的工艺特性，并结合现场条件制订加工工艺方案。

【任务工单】（表 5-1-1）

表 5-1-1 任务工单

产品名称	摩托车	编号		周期	5 天
序号	零件名称	规格	材料	数量/套	生产要求
1	摩托车支架	137mm×75mm×16mm	铝合金 AlSi10Mg	2/1	1. 对原模型进行工况分析，并进一步拓扑优化设计
2					2. 模型切片处理并打印整体部分
3					3. 完成打印件的相关后处理，确保机加工尺寸精度
备注			接单日期：		
生产部经理意见	（同意生产）		完成日期：		

图 5-1-1 所示摩托车支架。

【项目分析】

一、图样分析

摩托车支架的零件图如图 5-1-2 所示，工作场景图如图 5-1-3 所示，约束和载荷位置示意图如图 5-1-4 所示。

图 5-1-1 摩托车支架

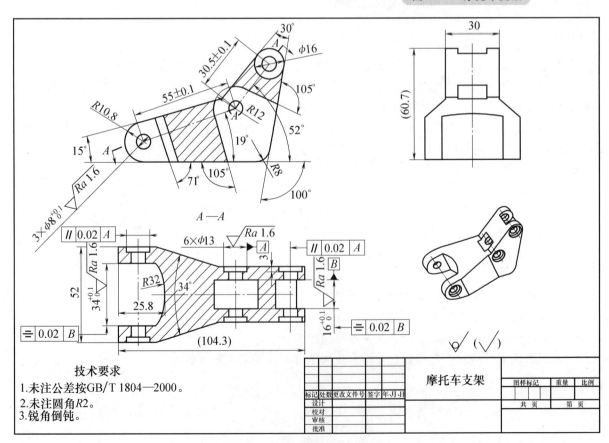

技术要求

1. 未注公差按GB/T 1804—2000。
2. 未注圆角R2。
3. 锐角倒钝。

摩托车支架

图 5-1-2 摩托车支架零件图

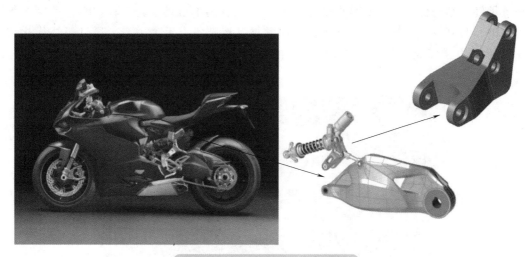

图 5-1-3　摩托车支架工作场景图

根据图 5-1-2~图 5-1-4，现做如下分析：

1. 整体分析

本产品是一款轻量化的摩托车支架，该支架的主要作用是连接减震器端和车架端，起到连接、调节的作用，主要的载荷同样也来自减震器端和车架端。本产品需要根据实际的受载情况进行适当的简化调整，这里的简化调整是指拓扑优化前的步骤，从而满足使用前提下的最小安全系数和最大位移量。拓扑优化后支架的结构轮廓将发生很大的变化，结构的变化导致制造工艺发生改变。完全依靠传统的减材工艺已经满足不了轻量化支架的生产要求，因此本次制造工艺采取先用增材制造完成支架的整体打印制造，后用减材制造完成结构件关键配合面和孔的加工。

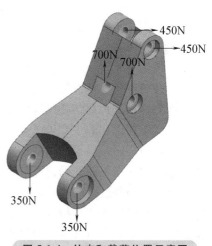

图 5-1-4　约束和载荷位置示意图

2. 尺寸分析

本产品总体尺寸不大，整体的制造工艺为先增材后减材，考虑到金属增材制造精度较高（±0.1mm/100mm 以内，最高可以达到±0.05mm/100mm），因此未注公差尺寸不进行减材工艺。标注尺寸公差和表面粗糙度的面或孔进行增材制造之前要留出减材制造精加工余量 0.5mm。由于拓扑优化后零件的结构轮廓不方便装夹，所以该构件要与成形底板一体进行减材加工，最后再从成形底板上切割下来。

3. 表面质量

本产品加工完成后要进行去应力退火，退火后进行喷砂处理，再进行减材加工保证尺寸和表面精度要求，最后进行线切割取件，手工去除支撑，并提高表面质量。

二、相关知识

1. 摩托车支架的应用场景

目前，摩托车不仅仅是代步工具，而且已经成为一种休闲娱乐方式，这就对摩托车的综合性能及外观提出了更高的要求。为提高产品开发质量、缩短产品开发周期和降低开发成本，有限元分析技术必须贯穿整个开发过程，可以在样品、样车之前，模拟零部件甚至整车的性能和工作状态，避免传统设计方法（设计—试制—测试—改进设计—再试制）的重复过程，使产品在整个开发过程中处于可预见、可控制的状态。

2016 年 5 月，空客集团发布了世界上第一辆 3D 打印摩托车，如图 5-1-5 所示。这款摩托车最大的特点是重量轻、结构优，其车身总重量仅为35kg，比普通的电动摩托车轻30%。而空客集团能取得这样的突破，与其综合应用的拓扑优化技术和增材制造技术有重大关系，通过拓扑优化技术，将框架设计成仿生力学结构，实现了材料的最佳分布，通过增材制造技术完成关键零部件的生产制造。

图 5-1-5　世界首辆 3D 打印摩托车

2. 什么是拓扑优化

拓扑优化（Topology Optimization）是在给定的3D几何设计空间内，根据设计人员设置的定义规则来优化材料的布局及结构的过程。目标是通过对设计范围内的外力、载荷条件、边界条件、约束以及材料属性等因素进行数学建模和优化，从而最大限度地提高零件的性能。

总之，拓扑优化的主要思想是：将寻求结构的最优拓扑问题转化为在给定的设计区域内寻求最优的材料分布问题，最终得到最佳的材料分配方案。这种方案在拓扑优化中表现为"最大刚度"设计，即同一结构，在材料相同的情况下，拓扑优化结果（不同的材料分布形式）可以使结构整体刚度最大。正是由于拓扑优化的优越性以及增材制造的可行性，越来越多的工程设计人员开始在结构设计过程中应用拓扑优化分析来指导结构设计。拓扑优化属于有限元分析技术的一种具体应用，是按照拓扑理论，结合有限元分析技术，对结构件的几何形状、截面等的优化。典型的拓扑优化结构件如图5-1-6所示。

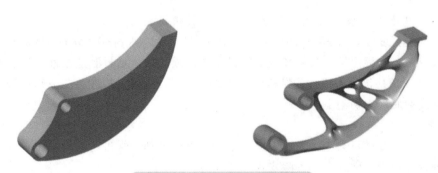

图 5-1-6　典型的拓扑优化结构件

3. 拓扑优化软件分析设计流程

1）首先，设计人员确定零件所需的最小设计空间。

2）定义外部载荷、边界条件、约束条件以及材料属性等输入信息，还指定固定锚点（不参与设计优化的固定形体）。

3）利用有限元分析（FEA）考虑边界条件内（如应用负载点、安装位置以及约束区域等）的设计空间，并将设计空间分解为更小的区域。

4）拓扑优化使用有限元创建这些较小设计区域的基本网格（Mesh），并通过有限元分析评估网格的应力分布和应变能，以找到每个元素可以处理的最佳荷载或者应力。

5）拓扑优化软件以数字方式从各个角度对设计施加应力分析，评价其结构完整性，并找到不需要的材料区域（退化设计）。

6）根据定义的要求测试每个有限元的刚度、柔度、应力、挠度，确定多余的材料区域。

7）最后进行有限元分析，将各个有效部件单元整合在一起，组成设计终稿，即拓扑优化的结构件。

经典拓扑优化设计步骤如图 5-1-7 所示。

原装零件　　　　　　　　多载荷工况模型　　　　　　分面模组结果
（设计空间）　　　　　　（顶级选项）

图 5-1-7　经典拓扑优化设计步骤

4. 拓扑优化设计的优缺点

（1）优点

1）优化设计。大多数时候，产品设计需要平衡各类因素，并确定最佳的设计解决方案。有限元分析由于其可以提前考虑各类因素，所以在极大程度上避免设计失败的可能性。

2）材料使用的最小化。拓扑优化最亮点的地方是在于其可以减少不必要的重量。特别是在航空领域，每增加一克的配重就会增加巨量成本，更轻的重量和更小的尺寸也就意味着更少的能耗。

3）具有成本效益。拓扑优化可以最大限度地减少材料的使用和成本。拓扑优化产生的许多复杂的几何形状会使标准制造工艺变得"难以实现"，但是当增材制造技术越发成熟，这种设计实现起来也变得相对容易。

4）减少对环境的影响。由于拓扑优化能够最大限度地减少材料的使用，所以其可以被定义为可持续设计（绿色设计制造）。

（2）缺点

1）成本提高。因为大多数拓扑优化设计只能适用于 3D 打印，所以跟一般传统制造方法相比，成本并不能减少太多。

2）强度降低。在某些情况下，减少材料的用量也就意味着结构整体强度无法跟优化之前的结果完全等同，需要经过实测进行优化调整。

5. 铝合金材料的主要特性

铝合金具有密度小、比强度和比刚度高、塑性好、易于成形、工艺简单、成本低廉等特点，在非民用领域，广泛用于制作飞机构件（蒙皮、框架、翼梁等）。在飞机结构中，铝合金的使用占 50% ~ 80%，成为航天航空工业的主要材料。在民用工业中，铝合金应用的领域主要是建筑结构，容器和包装，交通运输以及电导体方面。在两轮摩托车上，近年来推出的车型不断向高马力重量比发展，以及改装零件、赛车零件市场，铝合金制品比比皆是，很多升高脚踏、车把、发动机零件等，都是以高性能铝合金作为原材料制作而成的。

6. 铝合金材料 SLM 打印的工艺特性

铝合金具有优良的物理、化学和力学性能，在许多领域都得到了广泛的应用。然而，铝合金的特性增加了激光选区熔化制造的难度，如易氧化、残余应力、空洞缺陷和致密性等问题较为突出。此外，铝合金粉末密度低，容易扬尘，存在空气爆燃危险。这些问题主要通过严格保护气氛、提高激光功率、降低扫描速度等措施来改善和解决。

目前，Al-Si-Mg系合金是SLM成形铝合金的主要材料，代表性的有AlSi10Mg和AlSi12。AlSi10Mg粉末的特点是流动性好，球形度高，氧含量低，卫星粉少，松状密度和震实密度高。粉末粒度有15~53μm、20~63μm、20~70μm、50~150μm规格，可用于航空航天、模具、汽车、医疗器械等的金属打印粉末。硅或镁的结合使铝合金更坚固、更硬，使其适用于薄壁和复杂几何零件。

三、现场条件分析（表5-1-2）

表5-1-2　现场条件分析

打印工艺类型	SLM	打印材料类型	铝合金 AlSi10Mg
打印机品牌型号	YLM-150	材料规格	粉末粒度 15~53μm
设备最大打印尺寸	φ150mm×60mm	后处理	去应力退火、线切割、铣床、钳工
切片软件	3DXpert	表面处理类型	喷砂处理

【工艺方案制订】

一、工艺路线分析

客户提供的模型数据需要进一步的拓扑优化设计。优化后要生成仿真力学测试报告，报告要会同客户确认。被确认好的模型数据，要进行减材工艺余量考量，对需要进行机械加工的部位都要留取适当余量。

当模型数据修调完成后，即可传输入切片软件进行编程。然后将后置出来的程序传输入设备执行打印。完成后一体取下工件和成形底板，清粉后整体进行去应力退火。

摩托车支架先要去应力退火和喷砂处理，然后再进行减材加工，加工部位主要是三对支撑孔，以及围绕三对支撑孔周边的平面加工，主要包括数控铣削加工和锯割加工。

综合现场条件，本着确保质量、方便高效、安全节能的工艺编制原则，确定如下工艺路线，如图5-1-8所示。

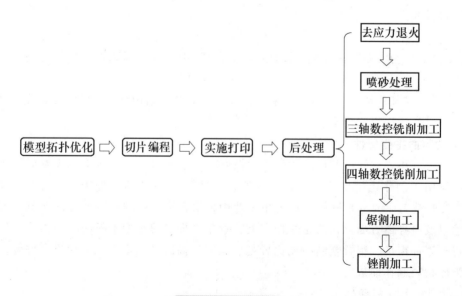

图5-1-8　工艺路线

二、制订工艺方案（表 5-1-3）

表 5-1-3 制订工艺方案

班级：		工艺过程卡		产品型号			零件图号			
				产品名称	摩托车		零件名称	摩托车支架	加工数	2
材料		铝合金AlSi10Mg	材料形态	粉末	制件体积		预估用时/min		预估耗材/g	
工序号	工序名称	工序内容		车间	工段	设备		工艺装备	工时	
									准终	单件
1	模型拓扑优化	拓扑优化原始模型		微机室		计算机		NX 软件		
		对拓扑优化后的模型进行仿真力学测试,并生成测试报告		微机室		计算机		NX 软件		
		会同客户进行沟通确认		会议室		计算机		打印版报告		
		检查模型尺寸,设置减材加工工艺余量		微机室		计算机		NX 软件		
2	切片编程	将模型导入切片软件		微机室		计算机		3DXpert 软件		
		调整模型摆放		微机室		计算机		3DXpert 软件		
		对模型进行支撑设置		微机室		计算机		3DXpert 软件		
		设置激光扫描策略和激光参数		微机室		计算机		3DXpert 软件		
		执行切片,后置程序		微机室		计算机		3DXpert 软件		
3	实施打印	穿戴好工装用品,做好安全防护,牢记安全操作规程		增材车间		金属打印机		工装、面罩、吸尘器、毛刷		
		进行金属打印准备,检查设备各项指标是否正常		增材车间		制氮机、冷水机、风机、金属打印机				
		制备惰性气体,添加干燥金属粉末		增材车间		制氮机、金属打印机		烘干机、粉筒、吸尘器、毛刷		
		安装刮条,找平工作台,调整刮板高度		增材车间		金属打印机		刮条、内六角扳手、吸尘器、毛刷		
		关闭成形仓,降低含氧量		增材车间		风机、金属打印机				
		输入程序,开始打印		增材车间		制氮机、冷水机、风机、金属打印机		U 盘、数据线、互联网		
		打印完成后,规范开仓,清粉取件		增材车间		风机、金属打印机		成形底板、烘干机、粉筒、吸尘器、毛刷		
4	后处理	去应力退火		热处理室		去应力退火炉		火钳、耐温手套		
		喷砂处理		喷砂室		喷砂机		喷砂料		
		三轴数控铣削加工		机加工室		数控铣床		卡盘、铣刀		
		四轴数控铣削加工		机加工室		数控铣床		卡盘、铣刀		
		锯割加工		机加工室		钳工案桌		百分表、成形底板夹具		
		锉削加工		机加工室		钳工案桌		锉刀、尖嘴钳		
						设计（日期）	校对（日期）	审核（日期）	标准化（日期）	会签（日期）
标记	处数	更改文件号	签字	日期	标记	处数	更改文件号	签字	日期	

【团队分工】

团队分工可根据各成员特点及兴趣，进行分组，并填写团队分工表（表5-1-4）。

表 5-1-4　团队分工

组别：	
成员姓名	承担主要任务

任务二　数据处理与编程

任务学习目标：

1. 能运用 NX 软件对模型进行拓扑优化，并进行力学仿真分析。
2. 能依据仿真分析报告，会同客户进行沟通协商并确认结果。
3. 掌握摩托车支架 SLM 增材制造的工艺特点及工艺规程制订。
4. 能应用切片软件，合理选择加工参数，完成打印程序准备。

【拓扑优化设计】

一、拓扑优化条件分析思路

1. 设计空间分析

设计空间是指拓扑优化结构允许产生的体积范围及其与周围结构的连接部位。设计空间可以定义成任何模型实体或任何封闭面，优化器只在给定的设计空间内工作。设计中可以定义多个设计空间，它们之间也可以相互连接。

设计空间分析又包含了材料分析、构造体分析、形状约束、优化约束等。材料分析需要定义优化材料的类型和材料特性（如弹性模量、泊松比等）；构造体分析要定义材料的优化部分和不优化部分；形状约束要定义优化部分材料的形状约束情况，如对称、拔模、自适应等；优化约束是指要定义优化部分的质量、应力和位移目标。

2. 约束分析

在设计空间中，基于设计空间的特性，有以下几种约束类型：

（1）固定　使物体不能在任何方向移动。

（2）嵌入　使物体只能绕单个方向旋转，所有其他运动都受到约束。

（3）线性滑块　使物体只能在一个方向滑动，所有其他运动都受到约束。

（4）平面滑块　使物体能在一个平面内的任何方向滑动。除了在 X、Y 两个线性方向的运动外，所有其他的运动都受到约束。四种约束类型如图5-2-1所示。

3. 载荷分析

载荷分析包括载荷方向分析和载荷大小定义。零件结构承受的载荷可以分为：沿矢量方向的力、面在正交方向上的压力、旋转物体上的转矩等。负载的应用类型如图5-2-2所示。可以定义多个负载用来表示不同的操作条件。NX 软件中的优化器在进行拓扑优化时将考虑所有提供的负载情况，即优化设计被配置为承受所有定义的负载。

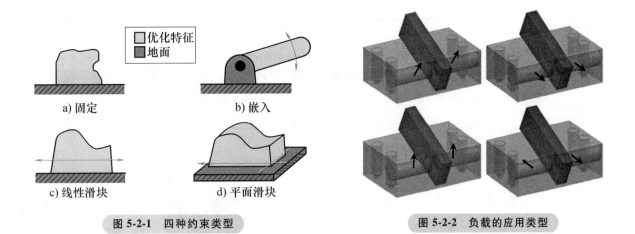

图 5-2-1　四种约束类型　　　　　　图 5-2-2　负载的应用类型

4. 工况分析

工况是指不同载荷的组合，可以在单个载荷工况和多个载荷工况下做拓扑优化。单载荷工况是最简便的。要在几个独立的载荷工况中得到优化结果时，必须用到"读取载荷工况"和"求解"功能。

摩托车支架拓扑优化视频

5. 结果分析

拓扑优化结束后，在 NX 软件界面会生成结果报告，用户可以通过结果报告对优化后结果进行最后的分析评判。

二、拓扑优化设计步骤

拓扑优化设计步骤说明及图示见表 5-2-1。

表 5-2-1　拓扑优化设计步骤说明及图示

步骤名称	说明及图示
（一）打开软件、模型	1. 打开"NX"设计软件
	2. 打开设计好的模型

（续）

步骤名称	说明及图示
（二）拓扑优化 前模型处理	1. 为减材后处理表面留取加工余量，单击"偏置"  偏置按钮，在"偏置区域"对话框中设置"距离"为 0.5mm 2. 为拓扑优化设置参考体 

（续）

步骤名称	说明及图示
（三）进入拓扑优 化功能区	单击"主页"选项卡中的"更多"→"拓扑优化" **拓扑优化**按钮 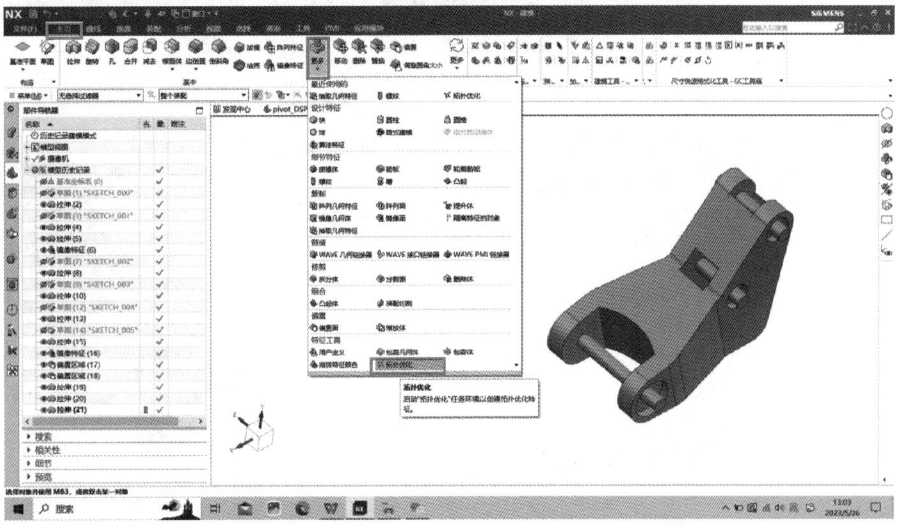 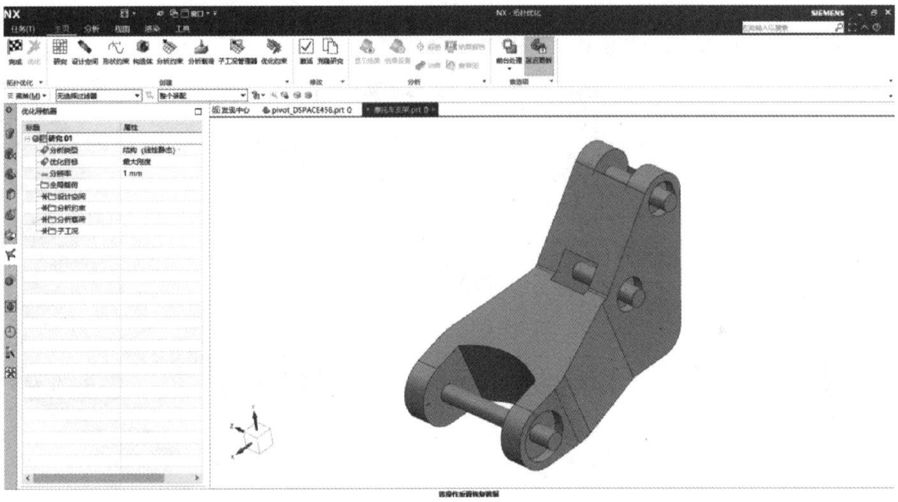 
（四）拓扑优化 基本设置	右击"研究 01" — ● **研究 01**，选择"编辑"选项，在弹出的"研究"对话框中：分析类型、优化目标、分辨率选择默认设置

（续）

步骤名称	说明及图示
（五）拓扑优化设计空间设置	1. 右击"设计空间" ✕ ☐ **设计空间** ，选择"新建"选项 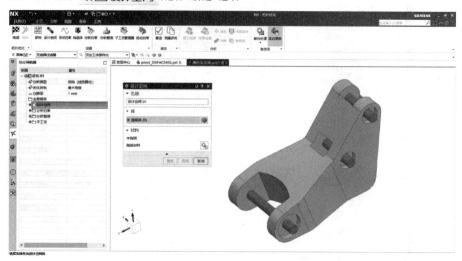 2. 选择绘制的模型体，单击"确定"按钮 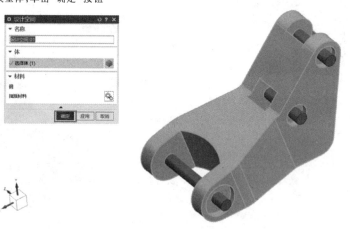 3. 单击"指派材料"后对应的小图标，在材料列表中选择"Aluminum_6061"，单击"确定"按钮 

（续）

步骤名称	说明及图示
（五）拓扑优化设计空间设置	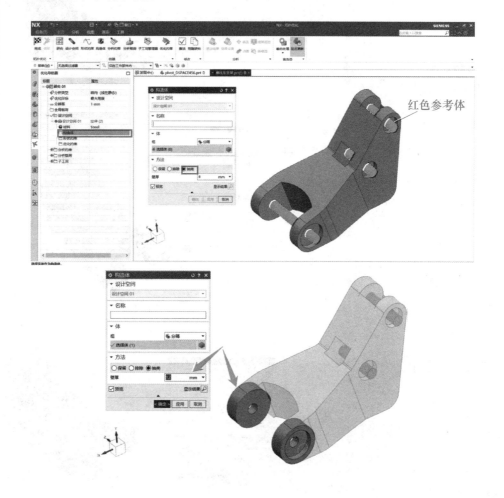 4. 右击"构造体"－，"方法"选择"抽壳" ⊙抽壳 ，依次选择红色参考体，并设置合适的"壁厚"为12mm、8mm，最后单击"确定"按钮

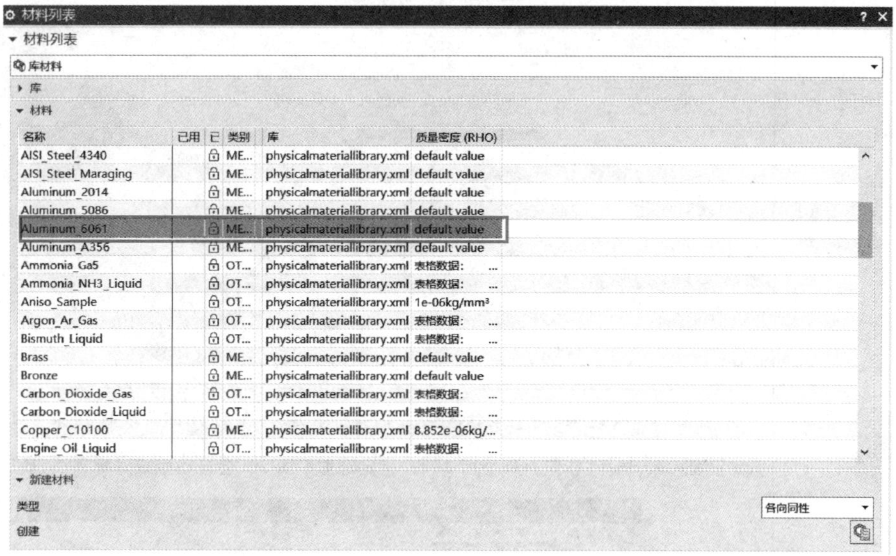

步骤名称	说明及图示
（五）拓扑优化设计空间设置	 5. 右击"形状约束" 形状约束 ，选择"新建"，在打开的"形状约束"对话框里选择"平面对称" 平面对称，选择"指定对称平面1"和"指定对称平面2"，会自动生成对称平面，最后单击"确定"按钮 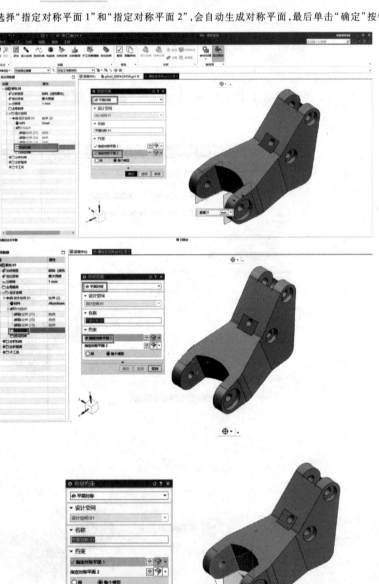

（续）

步骤名称	说明及图示
（五）拓扑优化设计 空间设置	6. 右击"优化约束" <img ...>，选择"新建"，在"优化约束"对话框中选择"质量目标" <img ...> ，设置"质量"为1.5kg，单击"确定"按钮 
（六）拓扑优化分析 约束设置	右击"分析约束" <img ...>，选择"新建"，在"分析约束"对话框中，选择"销住" <img ...> ，根据模型工作状态，选择图示两曲面，最后单击"确定"按钮 
（七）拓扑优化分析 载荷设置	右击"分析载荷" <img ...>，选择"新建"，在"分析载荷"对话框中，选择"力" <img ...> ，分别设置"加01""力02""力03""力04""力05""力06"，先选择受力面，再选择力的方向，最后设置力的数值 

（续）

步骤名称	说明及图示
（七）拓扑优化分析 载荷设置	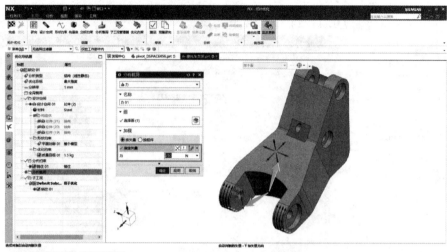 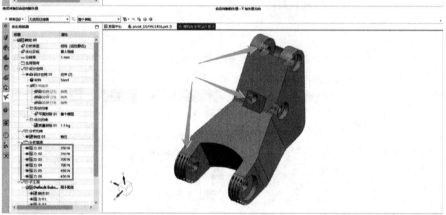
（八）优化分析	单击"优化" 按钮，进行拓扑优化。待进度完成后，单击"优化导航器"中的"设计空间" **设计空间 01**，显示出优化方案 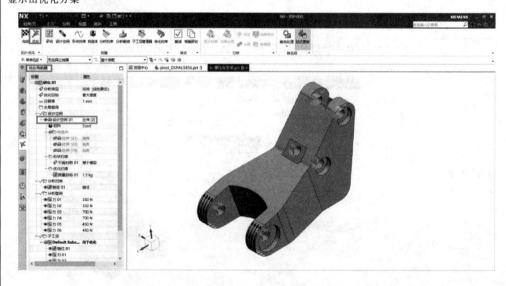

（续）

步骤名称	说明及图示
（八）优化分析	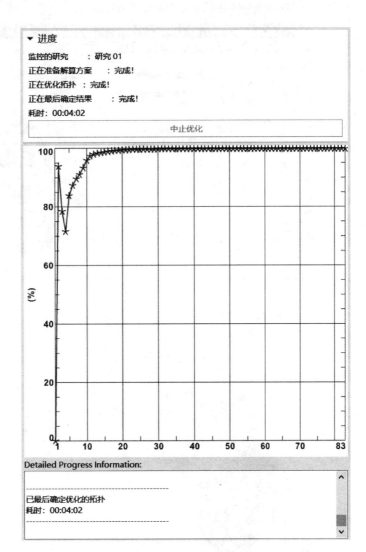 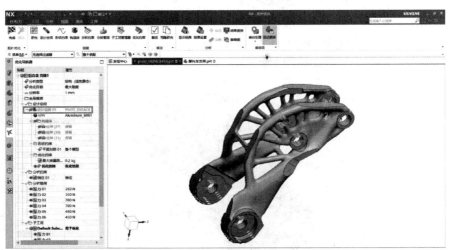

（续）

步骤名称	说明及图示
（九）优化结果查看	1. 单击"结果设置" 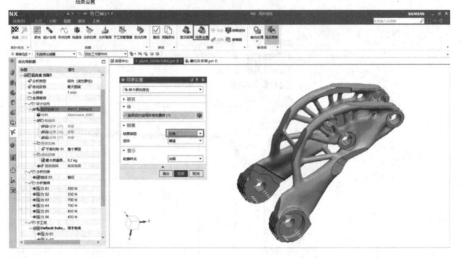 按钮，弹出"结果设置"对话框 2. 在"结果设置"对话框中，"结果类型"选择"位移"，查看位移 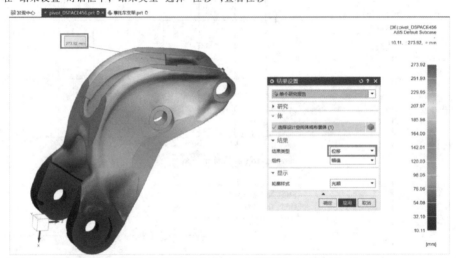 3. 在"结果设置"对话框中，"结果类型"选择"应力"，查看应力 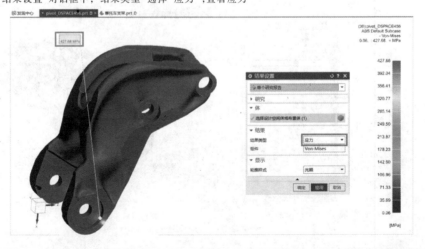

【会同客户沟通确认】

　　拓扑优化结果要主动跟客户沟通,并提供仿真测试报告,再次核实优化结果,待客户签字确认后,才能进行下一步的切片编程操作。

【切片编程步骤】

　　切片编程步骤说明及图示见表 5-2-2。

表 5-2-2　切片编程步骤说明及图示

步骤名称	说明及图示
(一)打开软件	1. 打开"3DXpert" **Xp 3DXpert™** 软件
	2. 单击"新建 mm 3D 打印项目" ⬚新建mm 3D打印项目  按钮,新建以 mm 为单位的 3D 打印项目
(二)选择打印机	1. 单击右侧工具栏中的"编辑打印机" ⬚编辑打印机  按钮,编辑打印机
	2. 选择"打印机"为"YN-328",选择"基板"为 120 基板,选择"材料"为 AlSi10Mg,设置"最小悬垂角度"为 0.001°,单击"确定"按钮 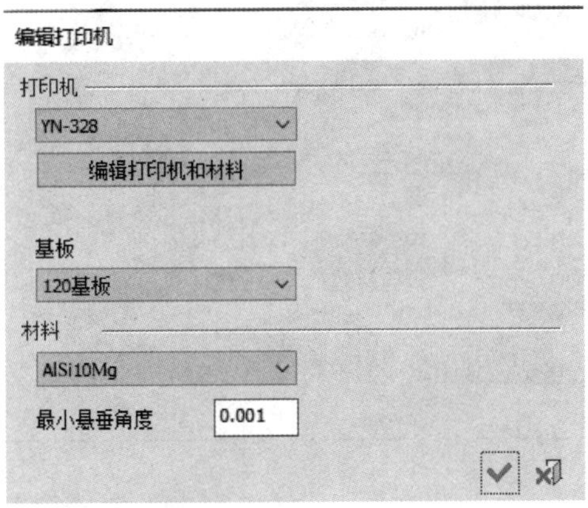 编辑打印机 打印机 YN-328 编辑打印机和材料 基板 120基板 材料 AlSi10Mg 最小悬垂角度　0.001
(三)导入模型	1. 单击右侧工具栏中的"增加 3DP 组件" ⬚增加3DP组件  按钮,导入 3D 组件(STL,STP 格式等文件)
	2. 选择"保持原始方向",单击"确定"按钮
(四)模型摆放:模型摆放轴测图、正视图(距底面 2mm)	1. 单击右侧工具栏中的"物体位置"  ⬚物体位置 按钮,确定模型位置 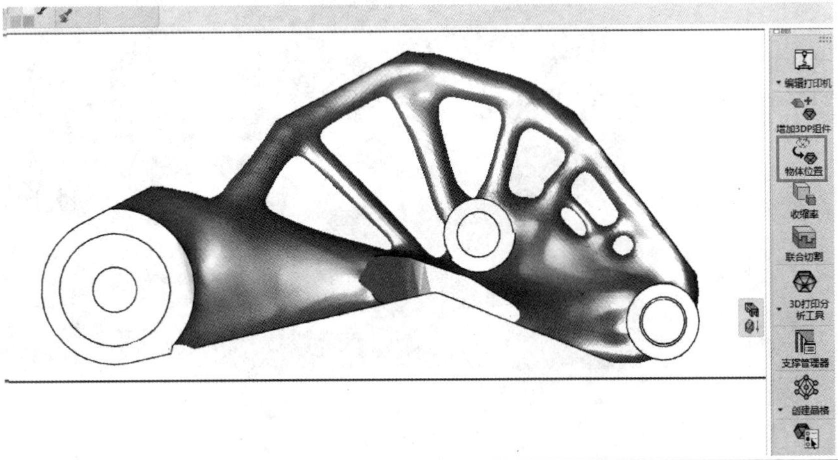

（续）

步骤名称	说明及图示
（四）模型摆放： 模型摆放轴测图、 正视图（距底面 2mm）	2. 设置"Z 增量"为 2mm，使模型离底面 2mm，单击"确定"按钮。这个悬空距离就是为线切割留取的切割空间 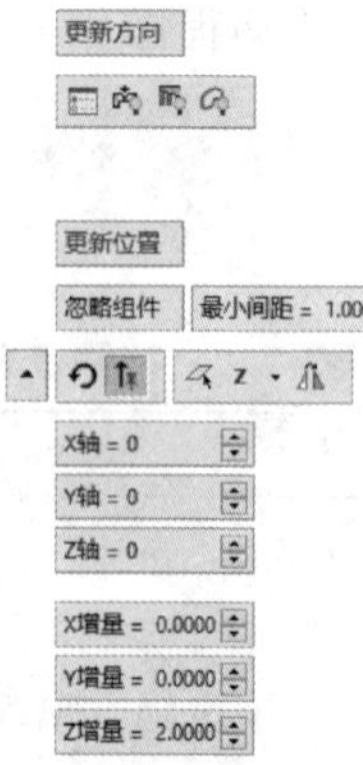 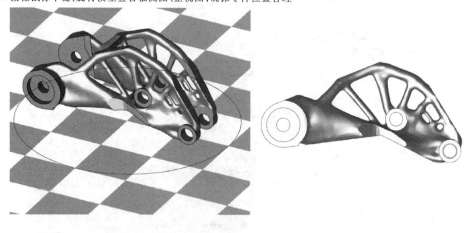 3. 按住鼠标中键，旋转模型查看轴测图、正视图，确保零件位置合理
（五）打印前准备 （模型特征检查）	1. 单击右侧工具栏中的"3D 打印分析工具"→"打印前准备" ，进行打印前准备，检查各类型特征 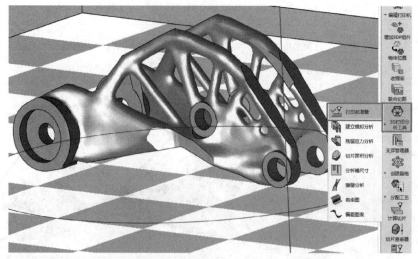

（续）

步骤名称	说明及图示
（五）打印前准备 （模型特征检查）	2. 在"打印可行性检查"对话框中，单击"检查"按钮，自动检查各类型特征的打印可行性  3. 单击右侧工具栏中的"3D打印分析工具"→"建立模拟分析" 建立模拟分析，建立模型分析 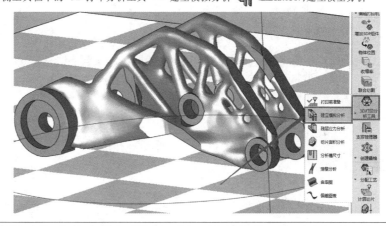 4. 在"构建模拟参数"对话框中，单击"开始分析"按钮，系统会进行模型分析，存在问题的区域会变色显示。结果显示本模型一切正常 

（续）

步骤名称	说明及图示
（六）支撑设计	1. 单击右侧工具栏中的"支撑管理器" 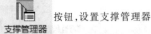 按钮,设置支撑管理器 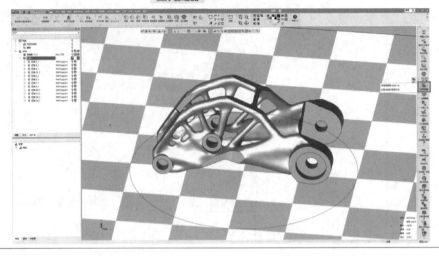 2. 设置"悬垂角度"为45°,设置"最小宽度"为2mm,设置"偏置"为1mm,设置"与垂直面的角度"为10°  3. 按住鼠标中键显示轴测图,查看支撑区域。需要添加支撑的区域都会以黄色轮廓描绘显示 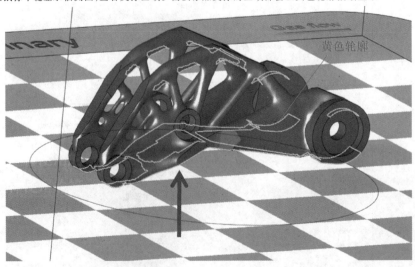

（续）

步骤名称	说明及图示
（六）支撑设计	4. 单击"支撑"选项卡中的"区域 3"，单击"增加栅格图案"按钮 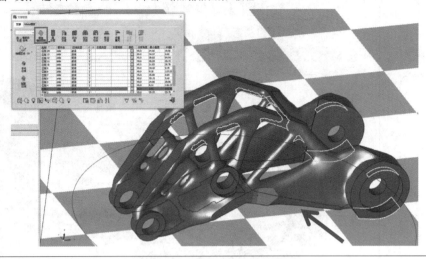 5. 在"增加栅格图案"对话框中进行参数设置：选择填充方式为"偏移填充"，勾选"填充"，设置"距离"为 2mm，生成栅格图案，为后期添加墙支撑做准备 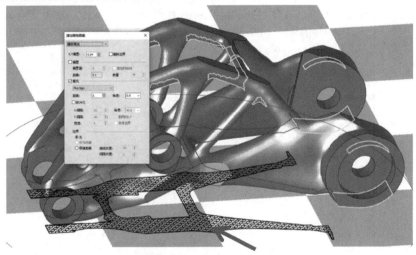 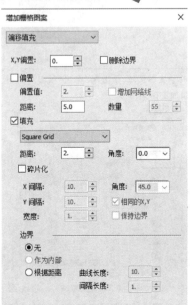

(续)

步骤名称	说明及图示
（六）支撑设计	6. 选择上一步生成的栅格图案，单击"支撑"选项卡中的"墙支撑"选项卡按钮 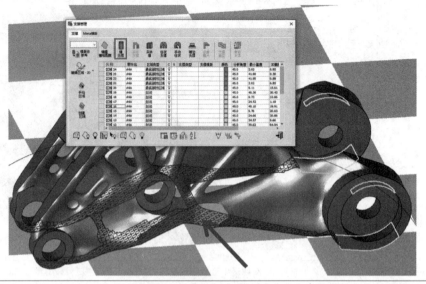 7. 在出现的"支撑创建-墙"对话框中进行支撑参数设置：勾选"外边界"，设置类型为"窄水滴型"，设置"单元宽度尺寸"为3mm；在"材料厚度"栏中，选择"厚度"为"单激光轨迹"；在"齿"栏中，设置"齿距"为1.5mm，设置"齿宽"为0.25mm，设置"高度"为1.5mm，设置"穿透高度"为0.12mm，设置"底座高度"为2mm，单击"确定"按钮 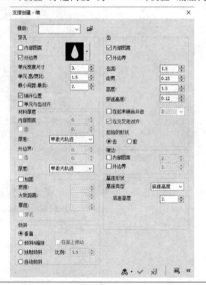 8. 选定底面其余支撑区域，单击"支撑"选项卡左侧"模板依参考"按钮，选择上一步完成添加的墙支撑，完成底部支撑区域的添加支撑操作 

（续）

步骤名称	说明及图示
（六）支撑设计	 9. 选取孔上侧"区域11"，单击"支撑"选项卡中的"增加栅格图案"按钮 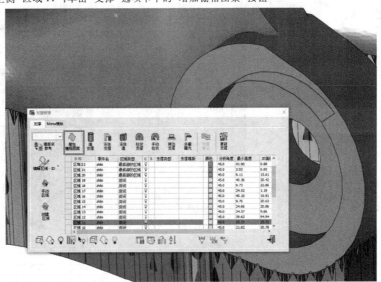 10. 在"增加栅格图案"对话框中设置参数：选择填充方式为"偏移填充"，设置"X、Y偏置"为0.04mm，勾选"删除边界"，勾选"填充"，选择填充类型为"Plus Sign"，设置"距离"为2mm，单击"确定"按钮 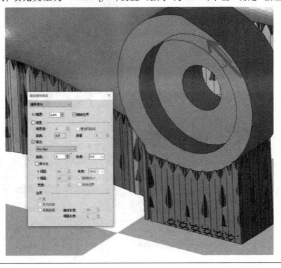

（续）

步骤名称	说明及图示
	11. 选择上一步生成的栅格图案,单击"支撑"选项卡中的"墙支撑"按钮 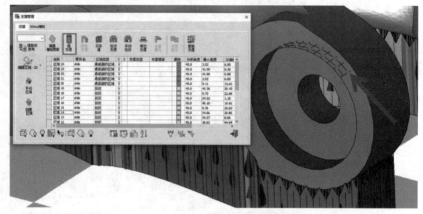
（六）支撑设计	12. 在出现的"支撑创建-墙"对话框中进行支撑参数设置:在"材料厚度"栏中,选择"厚度"为"单激光轨迹";在"齿"栏中,设置"齿距"为1.5mm,设置"齿宽"为0.25mm,设置"高度"为1.5mm,设置"穿透高度"为0.12mm,单击"确定"按钮 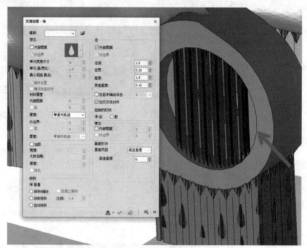
	13. 选定零件上部其余支撑区域,单击"支撑"选项卡左侧"模板依参考"按钮,选择上一步完成添加的墙支撑,完成底部支撑区域的添加支撑操作 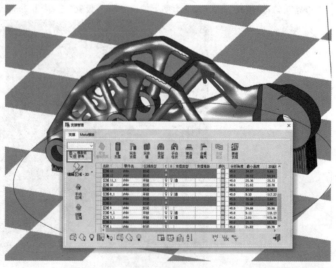

（续）

步骤名称	说明及图示
（六）支撑设计	14. 支撑加载完成后按住鼠标中键,旋转模型查看正视图、轴测图,确保支撑添加合理,没有遗漏  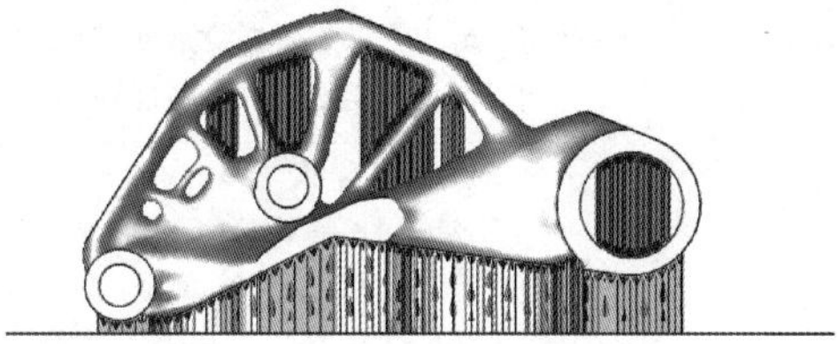 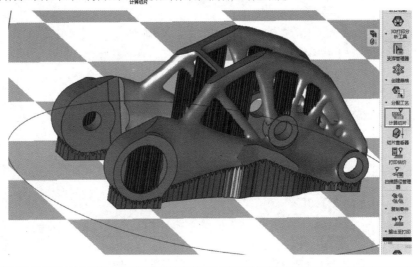
（七）参数设置	1. 分配工艺 1)单击右侧工具栏中的"计算切片" ![icon] 按钮,打印策略名称可自主设定 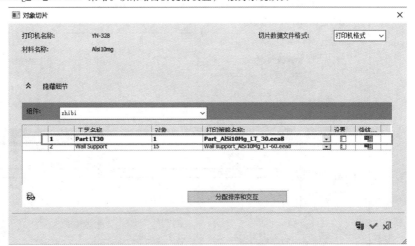 2)设置打印策略。在"对象切片"对话框中,选择"打印策略名称:" **打印策略名称:** 下方第一个下拉列表框中的"Part_AlSi10Mg_LT_30.eea8"策略。该策略需要提前设置,一般为系统默认

（续）

步骤名称	说明及图示
（七）参数设置	3）单击"Part_AlSi10Mg_LT_30.eea8"扫描策略后对应的"设置" 设置 按钮，进行打印策略参数设置
	4）Part打印策略"常规参数"设置：设置"层厚度"为30μm，设置"工艺之间，交错"为200μm，勾选"墙支撑运动-在相邻层中交替开始端和结束端""墙支撑运动-分割交叉的墙支撑"，勾选"考虑气流方向"，设置"要避开夹角范围"为37°，设置"起始角度"为30°，设置"增量角度"为67°，勾选"下表面规则"，设置"层数"为3，设置"角度大于"为10°，勾选"中间层规则"
	5）Part打印策略"轮廓参数"设置： ①勾选"最终轮廓（C1）参数"，设置"下表面"为80μm，设置"中间层"为80μm，勾选"尖部""进入""退出"，设置"等长分割，最大长度"为20000μm，选择"方向指引"为"反转"，选择"扫描顺序"为"连续" ②勾选"轮廓（C2）参数"，设置"下表面"为160μm，设置"中间层"为160μm，勾选"尖部""进入""退出"，设置"等长分割，最大长度"为20000μm，选择"方向指引"为"反转"，选择"扫描顺序"为"连续" 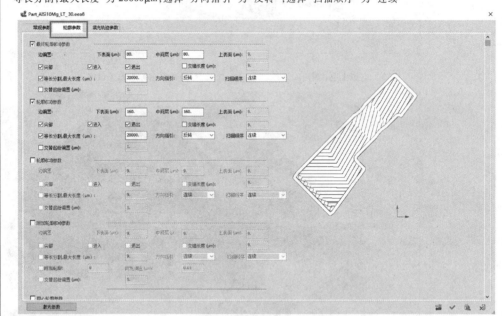
	6）Part打印策略"填充轨迹参数"：设置"下表面"为240μm，设置"中间层"为240μm，勾选"填充下表面区域-"，在对应的下拉列表框中选择"条带"，设置"步距"为100μm，设置"单元宽度"为8000μm，选择"单元边界"为"否"，设置"偏让到中间层"为0，设置"交错到中间层"为0，选择"扫描顺序"为"连续"，选择"填充方向"为"水平"；勾选"填充中间层区域-"，在对应的下拉列表框中选择"条带"，设置"步距"为100μm，设置"单元宽度"为8000μm，选择"单元边界"为"否"，选择"扫描顺序"为"连续"，选择"填充方向"为"水平"，单击"确定"按钮
	7）在"对象切片"对话框中，选择"打印策略名称："打印策略名称：下方第一个下拉列表框中的"Wall support_AlSi10Mg_LT_60.eea8"策略 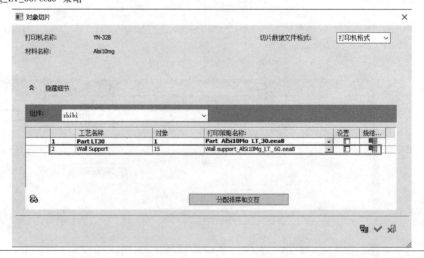

（续）

步骤名称	说明及图示
（七）参数设置	8）单击"Wall support_AlSi10Mg_LT_60.eea8"打印策略后对应的"设置" 设置 按钮,进行打印策略参数设置
	9）Wall Support 打印策略"常规参数"设置:设置"层厚度"为60μm,设置"工艺之间,交错"为200μm,勾选"墙支撑运动-在相邻层中交替开始端和结束端""墙支撑运动-分割交叉的墙支撑",设置"要避开的夹角范围"为37°,设置"起始角度"为30°,设置"增量角度"为67°
	10）Wall Support 打印策略"轮廓参数"设置:勾选"最终轮廓（C1）参数",设置"下表面"为60μm,设置"中间层"为60μm,勾选"尖部""进入""退出",设置"等长分割,最大长度"为20000μm,选择"方向指引"为"反转",选择"扫描顺序"为"连续"
	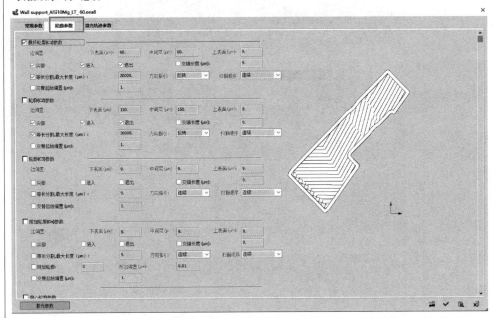
	11）Wall Support 扫描策略"填充轨迹参数"设置:无填充轨迹,不需要设置。单击"确定"按钮
	2. 激光参数:单击工艺设计界面左下角的"激光参数"按钮,弹出"激光参数"对话框
	1）层厚度为30μm的零件在"激光参数"对话框中"下"表面的参数设置:单击"C1",在"参数"栏中,设置"Laser Power"为300W,设置"Mark Speed"为900mm/s;单击"C2"在"参数"栏中,设置"Laser Power"为300W,设置"Mark Speed"为900mm/s;单击"填充",在"参数"栏中,设置"Laser Power"为310W,设置"Mark Speed"为900mm/s
	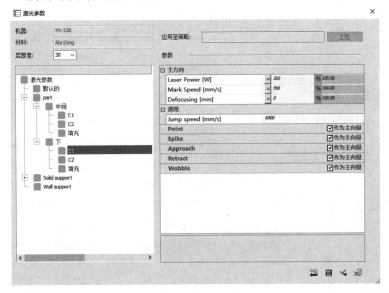

（续）

步骤名称	说明及图示
（七）参数设置	2）层厚度为30μm零件在"激光参数"对话框中"中间"层的参数设置：单击"C1"，在"参数"栏中，设置"Laser Power"为310W，设置"Mark Speed"为1000mm/s；单击"C2"，在"参数"栏中，设置"Laser Power"为310W，设置"Mark Speed"为1000mm/s；单击"填充"，在"参数"栏中，设置"Laser Power"为330W，设置"Mark Speed"为1000mm/s 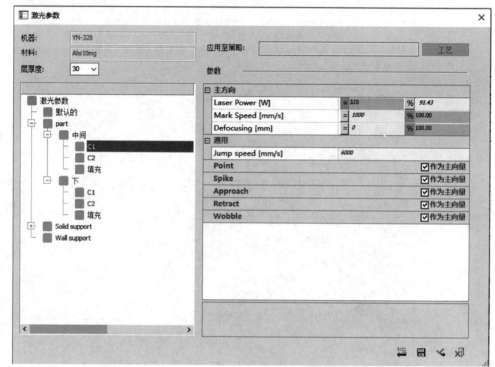 3）单击"应用至策略"后对应的"工艺"按钮，勾选"0：Part""1：Part Fine""2：Part Rough""3：Part2""4：Machining Offset""5：Lattice""6：Part3""11：Solid Support""13：Lattice Support""14：Cone Support"选项，单击"确定"按钮 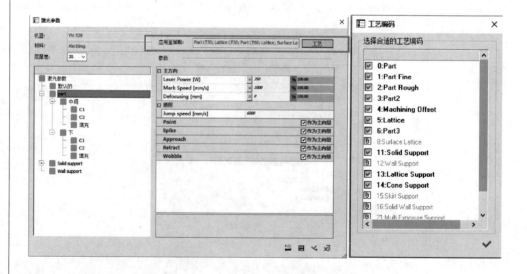

（续）

步骤名称	说明及图示
（七）参数设置	4）层厚度为 60μm 零件在"激光参数"对话框中，"Wall support"的参数设置：设置"Laser Power"为 320W，设置"Mark Speed"为 800mm/s 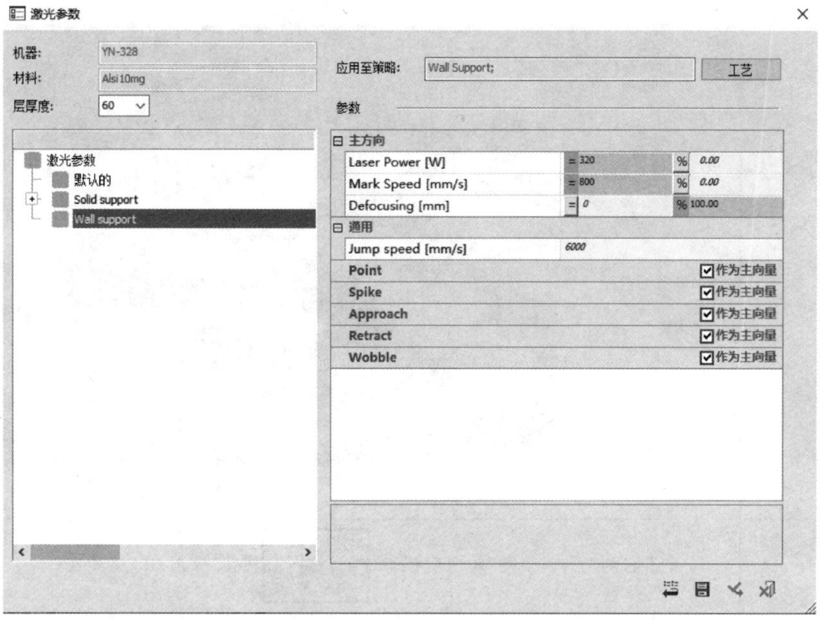 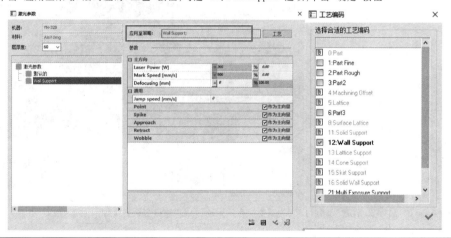 5）单击"应用至策略"后对应的"工艺"按钮，勾选"12:Wall Support"选项，单击"确定"按钮 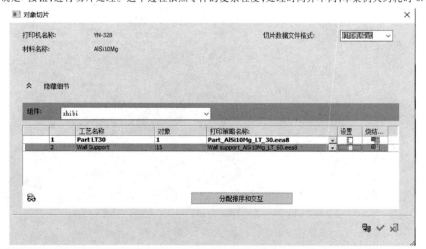
（八）计算切片	单击"确定"按钮，进行切片处理。这个过程依照零件的复杂程度，处理时间并不同，本案例大约耗时 0.3h

（续）

步骤名称	说明及图示
（九）仿真观察	单击右侧工具栏中的"切片查看器" 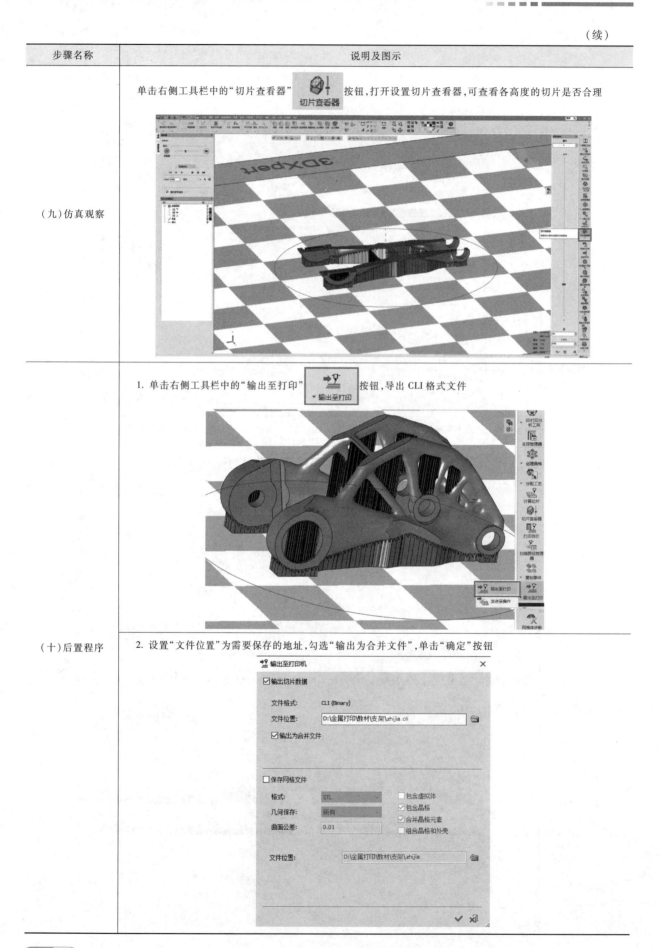 按钮，打开设置切片查看器，可查看各高度的切片是否合理
（十）后置程序	1. 单击右侧工具栏中的"输出至打印" 按钮，导出 CLI 格式文件 2. 设置"文件位置"为需要保存的地址，勾选"输出为合并文件"，单击"确定"按钮

任务三 实施打印与控制

任务学习目标：

1. 能将有效打印程序快速传输到增材制造设备中。
2. 能掌握金属打印摩托车支架的基本操作。
3. 能安全存储和运输铝合金粉末，并安全添加或清理粉末。
4. 能熟练掌握设备基本调试操作，包括刮刀、成形底板等的设置。
5. 能有效监控打印过程，并采取合理处置措施。

摩托车支架
打印过程
视频

【金属打印安全操作规程】

参见项目一所列相关内容。

【打印过程及说明】

金属打印操作步骤说明及图示见表5-3-1。

表5-3-1 金属打印操作步骤说明及图示

操作步骤	说明及图示
（一）打印前检查与确认	1. 操作前穿好防护服，戴口罩（里面为普通口罩，外面为防毒口罩）、一次性手套、防静电手环，并整理好袖口 2. 在前面切片环节已经通过模型和材料规格完成了对设备型号的选择。在本环节打印前仍需要再次确认设备规格型号，本次打印模型尺寸为137mm×75mm×16mm，材料为铝合金粉末，因此YLM-150型金属打印机即可满足打印条件  3. 现场对打印设备进行打印前的检查与确认，包括冷水机循环水位是否处于安全高度值；设备所在车间的环境温度保持在(25±5)℃，湿度小于75%，确保顺利完成本次打印任务
（二）启动设备	1. 首先打开电源总开关，让所有附属设备通电。打开循环过滤器电源开关，确保风机正常运转。打开金属打印机电源开关 2. 接着打开冷水机电源开关，确保冷水机处于制冷状态 3. 启动金属打印机内置计算机，打开配套操作软件

（续）

操作步骤	说明及图示
（三）预制惰性 气体	1. 打印过程中需要不断地往成形仓内部充入惰性气体，以此来保证打印层不被氧化。由于材料不同，需要的惰性气体也不相同。AlSi10Mg可以用氮气作为保护气体，制氮机在启动之前需要先启动空气压缩机，并保证压缩气压为0.5~0.8MPa 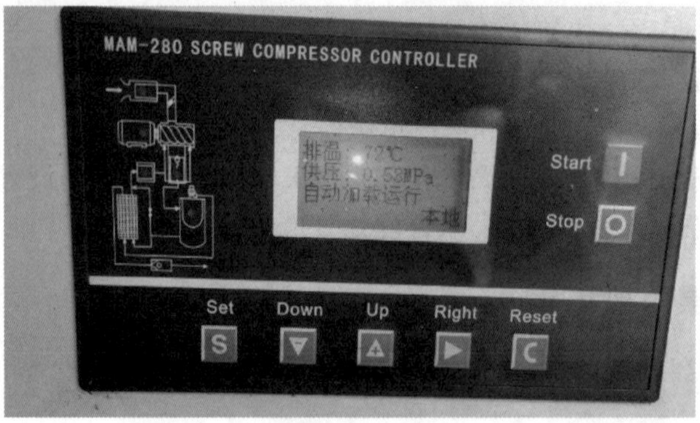  2. 根据要求，按顺序按下开关运行制氮机，制氮机运行后需要一定的时间，氮气纯度才能达到99.99%，之后方可进行打印操作
（四）打印前 清理	1. 打印前要先完成对设备粉末的清理工作，应该从上而下、从里到外顺序进行。首先进行的是成形缸内的粉末清理（各个缸室的清理都包括扫、吸、擦三步） 2. 进行整个成形仓内部的粉末清理工作，包括各构件、传动机构、各部位死角清理等。可采用防爆吸尘器进行吸粉清理  3. 对关键部件要用酒精擦拭清洁 4. 清理完成形仓内粉末后，需要用无尘布蘸酒精擦拭振镜保护镜，擦拭的手法为由内向外，顺时针方向螺旋擦拭

（续）

操作步骤	说明及图示
（四）打印前清理	 
（五）配置粉末材料	1. 打印前要提前完成粉末的配置，二次使用的粉末必须进行筛粉与过滤。二次使用粉末在使用前需要达到一定的混合比例，一般都要加入 1/3 的新粉，保证粉末的粒度和纯度。该项操作也是打印成功的必要保障 2. 新粉和二次使用的粉末都需要烘干，并且保证干燥度在 98% 以上。粉末的干燥度影响着粉末的流动性，粉末流动性的好坏决定落粉或铺粉的效果，最终影将响打印成败。铝合金粉末的烘干时间为 3h，温度为 90℃，在烘干的时候需要保证烘干过程有保护气体（氩气）保护 3. 由于本项目采用的是铝合金粉末，操作不当容易产生扬尘，有空气尘爆炸的安全隐患，因此，着重强调操作安全注意要点：①操作环境要保持空气通畅，避免密闭；②操作过程要避免高位倾倒抛洒，避免产生扬尘；③严格规避火源，着重防止产生静电反应；④操作结束后要认真清理现场和相关死角，通过吸尘器收集残余粉末，严格防止扬尘产生；⑤操作现场要随时配备专用的 D 型灭火器
（六）添加粉末	1. 把配置好的粉末先灌装到加粉筒，利用到的工具有铲子、漏斗等，灌装粉末时一定要穿戴必要的防护用具，如静电衣、防尘面具、防静电手环等  2. 利用加粉筒把设备的粉末缸加满。操作前先将粉末缸移动到下限最大值，后加满粉末缸 3. 通过软件操作界面检查当前的粉末余量，确保粉末已加满

（续）

操作步骤	说明及图示
（六）添加粉末	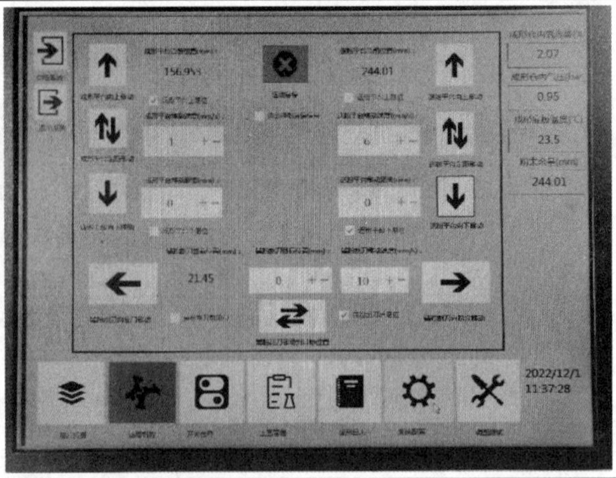 
（七）更换、调平成形底板	1. 根据打印材料不同,选择相应成形底板材料。本项目打印粉末为 AlSi10Mg 铝合金粉末,选择的成形底板材料为铝合金 2. 固定成形底板时,需要将成形底板和成形仓底面保持平齐。可通过检验平板来进行检测。如果成形底板与成形仓底面不平齐,可以在成形底板下面的相应位置垫上合适的垫片,直至两者平齐为止  3. 调平后,利用内六角扳手将螺母固定,把成形底板安装在成形缸底部  4. 固定后,使成形底板在"平齐"的基础上向上移动 1mm,保证激光焦距最佳位置。因为默认激光焦距位置是在成形底板上方 1mm 处调整的,所以成形底板上方 1mm 处为最佳焦距

（续）

操作步骤	说明及图示
（八）更换刮条、调整刮刀	1. 利用扳手将整个刮刀全部拆下,清理刮刀上的残留粉末和杂质 2. 用剪刀裁剪汽车刮水器的刮条,裁剪要均匀,大小合适 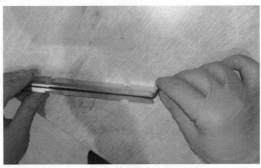 3. 将裁剪好的刮条安装到刮刀下部,观察刮条是否垂直于锁紧端面,不垂直要进行调整,最后锁紧螺母使其牢固  4. 将刮刀装回到设备相应位置,并配合塞尺,调节刮条相对于成形底板的位置,使左、右间隙合适(0.03mm 左右) 
（九）铺粉、调整成形底板	1. 通过操作控制系统,完成粉末缸顶粉和刮刀前后摆动参数设置,使顶粉粉量合适,使刮刀前后摆动范围合适 2. 通过调节螺母调节刮刀相对于成形底板的间隙高度,观察粉层厚度与均匀程度,完成铺粉工作 

（续）

操作步骤	说明及图示
（十）设备预环境	1. 关闭成形仓仓门，确保锁紧 2. 打开惰性气体电磁阀，打开设备吸气阀，充入惰性气体，降低氧含量。当仓内氧含量下降到 0.2% 以下时，可以开始打印 3. 进行成形底板加热，成形底板温度设置为 60℃ 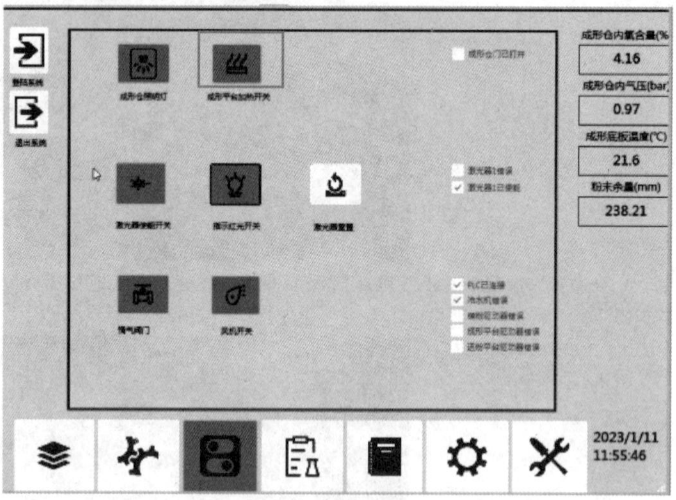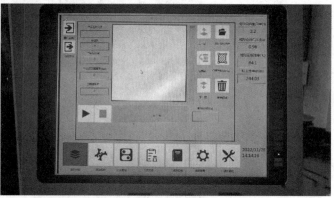
（十一）导入模型打印程序	1. 在导入界面选择后缀为 CLI 格式的文件 2. 通过预览查看，检查程序和首层的路线轨迹 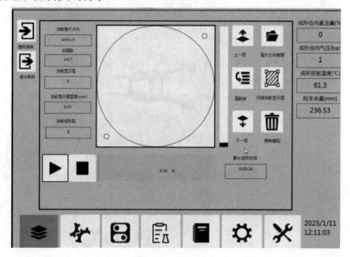 3. 查看当前成形层和预计打印时间等

（续）

操作步骤	说明及图示
（十二）运行程序	检查各运行环境参数，包括室内氧含量、粉末余量、成形底板温度、风机状态、水冷机状态、过滤系统状态等。确认以上参数均在正常范围内，即可开始成形打印 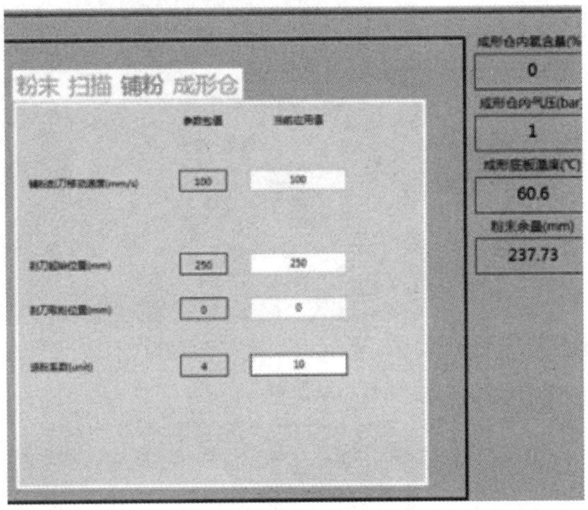 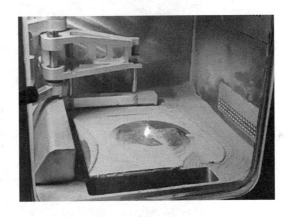
（十三）过程控制	1. 检查铺粉效果，查看整个成形底板的铺粉情况，至少需要保证整个成形底板铺粉正常，没有缺粉情况 2. 检查顶粉口的顶粉量，既不能太少，又不能太多，太少可能影响成形区域铺粉效果，太多可能会影响最终成形高度 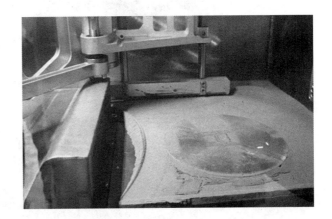 3. 检查风场方向和排尘效果，首先保证排风和吸尘方向正确；其次保证扬尘能落到非打印区域或直接吸走。零件在成形过程中，激光扫描时会产生大量烟尘和迸飞的金属氧化颗粒，每层铺粉都会夹杂这些颗粒，所以在二次使用金属粉末时需要进行筛粉操作，一般铝合金粉末需使用网孔 0.075mm 的筛子

操作步骤	说明及图示
（十三）过程控制	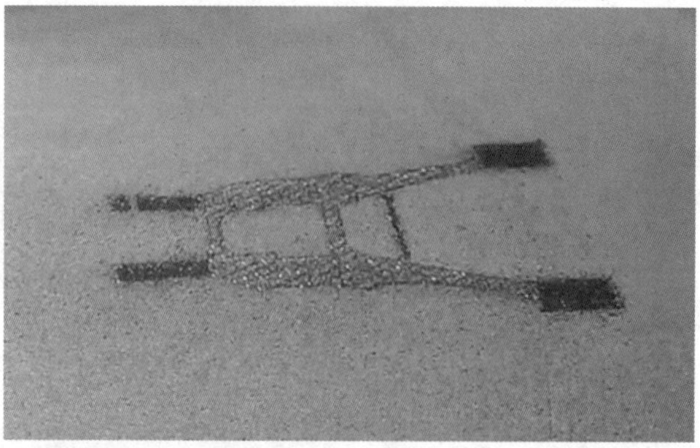 4. 检查扫描区域有无打印异样，是否存在激光功率不足、支撑强度不足或过烧情况
（十四）打印完成	1. 打印完成后，界面显示打印完成 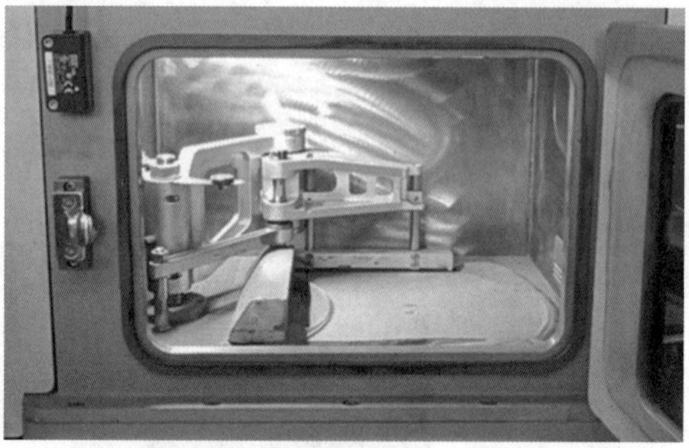 2. 关闭循环过滤器
（十五）清粉取件	1. 打印结束后，为保证成形仓内、外温度及气压的逐渐平衡，最好静待一段时间后，再缓慢打开仓门 2. 手动模式移动成形底板升出成形缸。用毛刷清理粉末，把多余粉末扫进集粉瓶内，用吸尘器对残余粉末进行最后清理  3. 用皮吹子（手风器）清理沉孔里的粉末，拆除成形底板 

（续）

操作步骤	说明及图示
（十五）清粉取件	 4. 尽量将成形仓内附着在零件上的粉末清理干净，然后取出 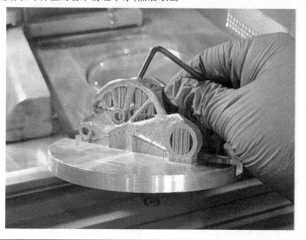
（十六）关机	1. 清理好成形仓内粉末，整理好工具、配件，就可以关闭配套打印操作软件，然后关闭金属打印机的内置计算机 2. 关闭金属打印机电源开关、冷水机电源开关、循环过滤器电源开关、制氮机电源开关、空气压缩机电源开关，最后关闭电源总开关，使所有设备断电

◎知识加油站——SLM 激光选区熔化打印的相关注意问题

1. 拓扑优化设计时需要综合考虑的问题

拓扑优化的主要目的是，在移除多余材料的同时保持结构的强度和刚性。经过优化的零件通常呈现复杂奇异的结构外观，这些经过结构优化的零件可能未必适合采用增材制造方式加工，尤其对打印零件的摆放方向而言。从图 5-3-1 中可明显看到，以水平摆放方向打印该零件时，深色悬伸区域内需要添加很多支撑。

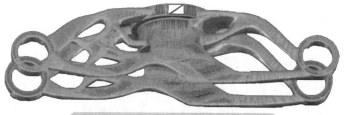

图 5-3-1　拓扑优化件的水平摆放状态

拓扑优化件的竖直摆放状态如图 5-3-2 所示。由图可知，沿竖直方向重新摆放零件后，需要添加支撑的区域变得很少，仅中间圆孔等细节需要添加支撑。

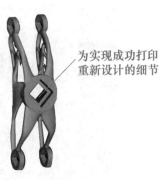

已添加加工余量，这也有助于直观地确定由设计者指定的零件的预定摆放方向

为实现成功打印重新设计的细节

图 5-3-2　拓扑优化件的竖直摆放状态

因此，在设计阶段评估零件时，应当将摆放方向考虑在内。如前所述，该零件在进行增材制造加工时，很显然竖直摆放方向最合理，所以设计时就必须考虑后期如何打印摆放，提前就可以将零件中间的那些横向孔设计成菱形孔。

总之，做好拓扑优化设计可参考以下建议：①应用最小壁厚准则；②确定用于加工的临界表面；③考虑支撑的定位和移除，或者重新设计（如圆形改菱形）以便无须添加支撑；④设计时考虑零件摆放方向，并相应修改局部结构；⑤确定是否可达到要求的表面质量。

2. 金属增材制造中其他注意事项

1）螺纹建议采用攻螺纹工艺完成，不建议直接打印（含内、外螺纹）。

2）壁厚、槽宽、字体等，大小低于 0.5mm 不保证能打印成功。

3）需装配的产品间隙，建议单边放大 0.15mm。

4）局部装配要求高的特征（如轴承孔、平面装配位等），要提前留出加工余量，再通过二次精加工配合。

5）金属增材制造优势在于结构复杂件，但其精度和表面质量都劣于机加工，一般其制件表面粗糙度值在 $Ra6.4\text{mm}$ 左右。

6）产品尺寸 50mm 内的打印一般公差在 ±0.1mm，更大件产品的打印公差因结构差异较大。

任务四　后处理与检测

任务学习目标：

1. 能使用退火炉完成去应力退火操作。
2. 能操作三轴、四轴数控铣床完成相关孔及周边平面铣削。
3. 能手工锯割零件，并将零件锉修光整。
4. 能及时清理打包零件，并与客户做好沟通。

摩托车支架后处理视频

【后处理工艺路线】

本项目产品摩托车支架已完成增材制造加工，后处理主要是进行去应力退火及喷砂处理，然后以成形底板为装夹基准进行相关孔加工及周边平面加工，最后可手工锯割取件，并对支撑和毛刺进行全面处理。在保证满足客户图样要求和该零件产品使用要求的前提下，制订以下工艺路线，如图 5-4-1 所示。

去应力退火 ⇨ 喷砂处理 ⇨ 三轴数控铣削加工 ⇨ 四轴数控铣削加工 ⇨ 锯割加工 ⇨ 锉削加工

图 5-4-1　工艺路线

【去应力退火】

本工序的主要内容是正确使用退火炉对拓扑优化结构的摩托车支架进行去应力退火，目的是为了消除增材制造中产生的内应力，减小变形开裂倾向。本制件的材料为 AlSi10Mg 铝合金，零件整体呈骨架支撑结构，材料厚度都在 6mm 以下，材料加热过程中容易发生变形，但有成形底板作为固定托盘，平置摆放可确保效果良好，故制订其工艺如下：

1）将摩托车支架零件与成形底板一体平置放入加热炉内，抽真空。

2）升温。以 13~15℃/s 的升温速率从室温升至 280~330℃。

3）保温。在 280~330℃ 保温 2h。

4）冷却速度不大于 30℃/h，冷却至 100℃ 以下出炉空冷。

5）热处理后抗拉强度可 ≥150MPa。

具体操作步骤可参见项目一所列相关内容。

【三轴数控铣削加工】

本工序的主要内容是通过数控铣削完成摩托车支架的三组支撑孔及周边平面的减材加工。三轴铣削操作步骤说明及图示见表 5-4-1。

表 5-4-1　三轴铣削操作步骤说明及图示

操作步骤	说明及图示
（一）加工前检查与确认	1. 检查 CNC 电箱 2. 检查操作面板及 CRT 单元 3. 检查数控铣床限位开关 

（续）

操作步骤	说明及图示
（二）铣床启动	1. 启动前确认急停开关处于"按下"状态,可避免浪涌电流冲击 2. 打开铣床总开关,等待数控系统自检完成,打开急停按钮  3. 选择回零模式,先返回 X、Y 轴零点,再回 Z 轴零点。回零到位后指示灯亮起
（三）第一次零件装夹	1. 摩托车支架的第一次装夹,以成形底板为 Z 向基准定位,用压紧卡盘进行装夹。但是要把零件回转摆正,需要进行"双侧等高差"找正,即其中一侧的两端高度差要等于另一侧的两端高度差  2. 等高差找正需要百分表和铣床坐标配合:百分表固定于铣床主轴,零件两端相应位置压表到同一刻度,然后查看铣床相对坐标差,然后调整零件角度,直至两侧高度差相等,则零件找正完成 摩托车支架的等高差找正摩托车支架的等高差找正 摩托车支架的等高差找正

（续）

操作步骤	说明及图示
（四）分中对刀	零件找正后进行分中对刀 
（五）铣削大端内侧平面	1. 采用 ϕ10mm 立铣刀加工,根据坐标显示,考虑刀具半径补偿,按照图样要求加工内侧对称的两平面,控制两平面间的距离为 51.8mm（精确尺寸）  2. 加工时,采用手轮控制模式,尽量采用顺铣,注意防止碰撞干涉,区分粗铣和精铣 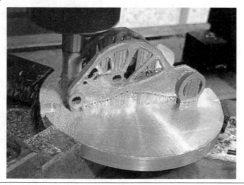
（六）铣削小端内侧平面	采用 ϕ10mm 立铣刀加工,根据坐标显示,考虑刀具半径补偿,按照图样要求加工内侧对称的两平面,控制两平面间的距离为 23mm（精确尺寸）

（续）

操作步骤	说明及图示
（七）铣削中端内侧平面	
（八）检查尺寸无误后，卸下零件	

【四轴数控铣削加工】

一、四轴数控铣床简介

四轴数控铣床特指能够实现四轴联动的数控铣床，一般可以在三轴数控铣床的基础上添加第四轴数控转台。它通过旋转可以使零件实现多面的加工，大大提高了加工效率，减少了装夹次数。并且可以减少零件的反复装夹，提高零件的整体加工精度，利于简化工艺，提高生产率。图5-4-2所示为典型的四轴数控铣床。

图 5-4-2　四轴数控铣床

二、数控铣安全操作规程

参见项目三所列相关内容。

三、数控铣加工过程

本工序的主要内容是通过四轴数控铣床加工摩托车支架横向的三对支撑孔，该加工过程需要保证每对支撑孔的同轴度要求。四轴铣削操作步骤说明及图示见表 5-4-2。

表 5-4-2　四轴铣削操作步骤说明及图示

操作步骤	说明及图示
（一）加工前检查与确认	1. 检查 CNC 电箱 2. 检查操作面板及 CRT 单元 3. 检查数控铣床限位开关  可选配旋转四轴数控分度头或者回转台
（二）铣床启动	1. 启动前确认急停开关处于"按下"状态,可避免浪涌电流冲击 2. 打开铣床总开关,等待数控系统自检完成,打开急停按钮 3. 选择回零模式,先返回 X、Y 轴零点,再返回 Z 轴零点,还要返回第四轴,也就是 A 轴。回零到位后指示灯亮起 

（续）

操作步骤	说明及图示
（三）零件装夹	1. 摩托车支架在四轴数控铣床上只需要装夹一次,以成形底板为基准在卡爪上定位,由自定心卡盘进行夹紧。零件的回转摆正,可通过卡盘旋转进行双侧等高差找正  2. 等高差找正需要百分表和数控分度头旋转配合:百分表固定于铣床主轴,零件两端相应位置压表到同一刻度,然后查看铣床相对坐标差,然后通过旋转第四轴逐渐调整零件角度,直至两侧高度差相等,则零件找正完成   

（续）

操作步骤	说明及图示
（四）以中间孔为基准分中对刀	1. 中间的一对支撑孔是整个孔系的核心基准，分中对刀前，应清理孔中的毛刺、杂质 2. 执行分中操作，并建立工件坐标系
（五）中间孔扩削	采用 ϕ10mm 加长扩孔钻加工，根据坐标显示手动钻扩孔，需要进行试切削，确定孔径符合要求后，再将两同轴孔一次性钻透 
（六）大端孔扩削	在上一个中间孔原点坐标的基础上，根据计算出的孔位坐标（可在软件上测算）来加工大端孔 
（七）小端孔扩削	在上一个中间孔原点坐标的基础上，根据计算出的孔位坐标（可在软件上测算）来加工小端孔 

（续）

操作步骤	说明及图示
（八）检查尺寸无误后，卸下零件	

【锯割加工】

一、锯割简介

锯割是指利用锯条锯断金属材料或在零件上进行切槽的操作。手锯由锯弓和锯条两部分组成。锯条是用碳素工具钢（如 T10 或 T12）或合金工具钢经热处理制成。锯割工具如图 5-4-3 所示。

二、锯割操作规程

1）安装锯条时应使齿尖朝着向前推的方向，锯条的松紧程度要适当，如果过紧容易在使用中崩断；如果过松容易在使用中扭曲、摆动，使锯缝歪斜，也容易折断锯条。

2）使用手锯时，一般用右手握住锯柄，左手握住锯弓的前方。由于锯柄结构不同，右手握锯柄的方法有两种。推锯时身体上部略向前倾，给手锯施以适度压力，完成锯割；拉锯时手锯稍微抬起，不进行锯切，同时也减少锯齿的损坏。锯割时不要突然用力，防止工作中锯条折断，崩出伤人。

3）起锯的方法是否正确，将直接影响锯割质量。起锯可采用远边起锯，也可采用近边起锯。起锯时锯条与零件的角度为 10°～15°，角度不可过大。锯割的往复速度以 20～40 次/min 为宜，锯条的工作长度一般不应小于锯条总长度的 2/3。

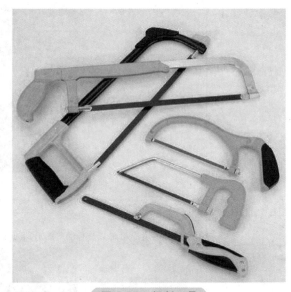

图 5-4-3　锯割工具

4）锯割实心棒料可以从头锯到底。锯割空心管子时，则不能一次性锯到底，凡锯至管子内壁即应停止，将管子向推锯方向转动一定角度再锯，这样依次进行直到锯完。

5）零件将要被锯断时，手压零件的压力要小，避免压力过大使零件突然断开、手向前冲造成事故，一般零件将要锯断时，要用左手扶住零件断开部分，避免掉下砸伤脚。

三、锯割加工过程

本工序内容是通过手工锯割完成摩托车支架的卸取。由于铝合金材料较软，且留有足够支撑高度，可以通过手工锯割来取零件，锯割过程如图 5-4-4 所示。

【锉削加工】

一、锉削简介

锉削是用锉刀对零件表面进行切削加工的操作，是钳工最基本的操作。它可以加工平面、型孔、曲面、沟槽及各种形状复杂的表面，加工后零件的表面粗糙度值可达 $Ra0.8\sim1.6\mu m$，可用于成形样板、模具、型腔以及部件、机器装配时的零件修整等。锉刀是锉削所使用的刀具，它由碳素工具钢制成，并经过淬火处理。锉刀如图 5-4-5 所示。

图 5-4-4　锯割过程

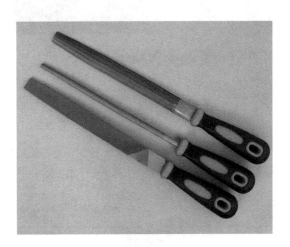

图 5-4-5　锉刀

二、锉削操作规程

1）使用台虎钳夹紧零件。零件加工面距操作者的下颚为一拳一肘。站立时，左脚在前，右脚在后。

2）操作者右手握锉刀柄，左手握锉刀前部。

3）操作者向前运锉时，稍向下用力；向后运锉时，稍提起锉刀，使锉刀面和零件加工面脱离接触。向前运锉时左右手各自向下用的力的大小，要以锉刀加在零件加工面上的力量大小保持恒定为准。根据这一准则，在向前运锉时，左右手各自向下用的力是不断变化的。

4）运锉过程中，锉刀面始终要保持水平状态。锉刀往返的最佳频率为 40 次/min，锉刀的使用长度占锉齿面全长的 2/3。

5）不准用新锉刀锉硬金属或淬火材料；有硬皮或粘砂的锻件和铸件，须在砂轮机上将其磨掉后锉削。

6）锉削时，要经常用钢丝刷清除锉齿上的切屑。

7）锉刀不可重叠或者和其他工具堆放在一起，要避免沾上水、油或其他脏物。

8）使用锉刀时不宜速度过快，否则容易过早磨损；使用什锦锉用力不宜过大，以免折断。

三、锉削加工过程

本工序内容是通过锉削完成摩托车支架的毛刺去除，同时要利用尖嘴钳等工具来拆掉支撑，如图 5-4-6 所示。然后再对存有毛刺或凸点的部位进行手工锉削锉平，如图 5-4-7 所示，尽量达到表面光整，最后可考虑再次进行喷砂处理。

图 5-4-6 用尖嘴钳拆支撑

图 5-4-7 手工锉削锉平

任务五 项目评价与拓展

一、产品评价（表 5-5-1）（40 分）

表 5-5-1 产品评价

序号	检测项目	设计标准	实测结果	配分	得分
1	完整度	所有工序完成度		6	
2	尺寸	$34^{+0.1}_{0}$ mm		6	
3		$16^{+0.1}_{0}$ mm		4	
4		$\phi 8^{+0.02}_{0}$ mm		4	
5		55 ± 0.1 mm		4	
6		30.5 ± 0.1 mm		4	
7	表面质量	表面粗糙度值 $Ra1.6\mu m$		4	
		喷砂处理		4	
8	力学性能	抗拉强度 $R_{m}\geqslant150MPa$		4	

二、综合评价（表 5-5-2）（60 分）

表 5-5-2 综合评价

序号	项目环节	问题分析	亮点归纳	配分	素质表现	得分
1	任务分析			5		
2	制订工艺			5		

（续）

序号	项目环节		问题分析	亮点归纳	配分	素质表现	得分
3	任务实施	模型检测			8		
4		切片编程			5		
5		实施打印			5		
6		后处理			8		
7	检验评价				8		
8	拓展创新				8		
9	综合完成效果				8		
个人小结							

注：可酌情将配分再分为三档，在此基础上学生素质表现如果出现不良行为，则每次扣 1~2 分，直至扣完本项配分为止。

三、思政研学

【素养园地——中国式现代化需要强大的中国汽车业】

讲解创新精神、爱国主义和民族自信心教育。

※研思在线：汽车制造业代表一个国家的综合工业能力，其所涉及的产业链非常广泛，请讨论：近年来我国汽车工业发展对自身生活带来哪些影响？车辆制造涉及哪些产业？我们所学专业在其设计制造过程中，都能起到哪些作用？

四、课后拓展

1. 设计问卷，调查一下周边企业，增材制造技术赋能车辆制造的应用情况。

2. 收集关于增材制造技术在汽车工业的应用场景或应用案例，并在线上学习平台进行分享。

3. 参照产品图样，自行设计建模，并进行拓扑优化练习。

4. 认真完成实训报告，详细记录个人收获与心得。

参 考 文 献

［1］ 颜永年，单德忠. 快速成形与铸造技术［M］. 北京：机械工业出版社，2004.

［2］ 李艳.3D 打印企业实例［M］. 北京：机械工业出版社，2018.

［3］ 魏青松，等. 金属粉床激光增材制造技术［M］. 北京：化学工业出版社，2019.

［4］ 汪大木，等.3D 打印创新设计实例项目教程［M］. 北京：机械工业出版社，2020.

［5］ 吴姚莎，陈慧挺.3D 打印材料及典型案例分析［M］.·北京：机械工业出版社，2022.